U0701825

新农村建设丛书

饲料配制实用技术

赵岭乐　吕礼良　路立平　主编

吉林出版集团股份有限公司

吉林科学技术出版社

图书在版编目（CIP）数据

饲料配制实用技术 / 赵岭乐等编. —

长春：吉林出版集团股份有限公司，2007.10（2025.1 重印）

（新农村建设丛书）

ISBN 978-7-80720-877-8

Ⅰ.①饲... Ⅱ.①赵... Ⅲ.①饲料 - 配制 Ⅳ.① S816

中国版本图书馆 CIP 数据核字（2007）第 163964 号

饲料配制实用技术
SILIAO PEIZHI SHIYONG JISHU

主　　编　赵岭乐　吕礼良　路立平
责任编辑　黄　群　付一桐
开　　本　850mm×1168mm　1/32
字　　数　102 千
印　　张　4.25
版　　次　2007 年 10 月第 1 版
印　　次　2025 年 1 月第 14 次印刷
印　　刷　三河市元兴印务有限公司

出　　版　吉林出版集团股份有限公司
　　　　　吉 林 科 学 技 术 出 版 社
发　　行　吉林出版集团股份有限公司
社　　址　吉林省长春市福祉大路 5788 号
邮　　编　130000
电　　话　0431-81629968
电子邮箱　11915286@qq.com
书　　号　ISBN 978-7-80720-877-8
定　　价　24.00 元

AI实践导师
7*24小时在线 带你学习实用知识

在线阅读
AI电子书 随时随地查阅

技术讲解
视频在线看 轻松掌握技巧

惠农指南
政策细解读 助力高效发展

"码"上开启 致富之路 ——

长本事 换脑筋
多挣钱 少吃亏

出版说明

　　《新农村建设丛书》是一套针对"农家书屋""阳光工程""春风工程"专门编写的丛书,是吉林出版集团组织多家科研院所及千余位农业专家和涉农学科学者倾力打造的精品工程。

　　丛书内容编写突出科学性、实用性和通俗性,开本、装帧、定价强调适合农村特点,做到让农民买得起,看得懂,用得上。希望本书能够成为一套社会主义新农村建设的指导用书,成为一套指导农民增产增收、提高自身文化素质、更新观念的学习资料,成为农民的良师益友。

出版说明

目　　录

第一章 饲料的主要原料和营养成分

　　畜禽需要的所有营养物质，几乎全部来自所食用的饲料。饲料中凡是被动物用来维持生命、生产皮毛肉蛋奶等产品，具有类似化学成分性质的物质，都被称为营养物质，简称养分。为满足动物个体生长的需求，按照动物不同的发育阶段，合理地利用饲料资源。大多数单一饲料所含有的营养素和比例，都不能满足畜禽的营养需求。因此，了解掌握各种饲料的营养特点、饲料价值、饲料来源就显得十分必要，对养好畜禽也非常重要。

第一节　动物所需营养成分

一、蛋白质

　　蛋白质是构成生命的物质基础。蛋白质的功能是构成机体细胞和组织，促进生长发育，参加机体物质代谢，形成抗体，增强免疫能力和供给热能。每克蛋白质可提供 16.75 焦耳的热能。蛋白质是一切生命的物质基础，是肌体细胞的重要组成部分，是组织更新和修补的主要原料。

二、氨基酸

　　氨基酸是生物功能大分子蛋白质的基本组成单位，是构成动物营养所需蛋白质的基本物质。在动物体内分为必需氨基酸和非必需氨基酸。必需氨基酸只能由食物供给或者机体合成，速度很慢，必须由食物加以补充。所以，在饲料中添加一定数量的氨基酸很有必要。氨基酸在体内起到氮平衡作用，必要时能转化成脂肪和糖，参与构成酶、激素、部分维生素等。

三、脂肪

提供能量、储存能量、供给必需脂肪酸、保护身体组织、维持体温、促进脂溶性维生素的吸收等作用。所以，动物的脂肪摄入也很重要。

四、碳水化合物

碳水化合物亦称糖类化合物，是自然界存在最多、分布最广的一类重要的有机化合物，主要作用是供给能量、构成细胞和组织、节省蛋白质、维持脑细胞的正常功能等。碳水化合物是动物每天摄入最多的，也是供给动物每天生理活动和机体运动最基础的营养物质。

五、矿物质

矿物质又称无机盐，是动物体内无机物的总称。矿物质和酶结合，帮助代谢。酶是新陈代谢过程中不可缺少的蛋白质，而使酶活化的是矿物质。如果矿物质不足，酶就无法正常工作，代谢活动就随之停止。但是，矿物质如果摄取过多，容易引起过剩症及中毒。所以一定要注意矿物质的适量摄取，不能在饲料中过多添加，否则，不但污染环境，还能使动物生产性能下降。

六、维生素

维生素又名维他命，是维持动物生命活动必需的一类有机物质，也是保持动物健康的重要活性物质。维生素在体内的含量很少，但在动物生长、代谢、发育过程中却发挥着重要的作用。维生素大多不能在体内合成，必须从食物中摄取。维生素本身不提供热能。动物饲料中必须有足够的维生素，才能保证机体供应，避免动物出现发育迟缓和相关疾病。

第二节　饲料分类

一、蛋白质饲料

以干物质为基础，凡是蛋白质含量在 20% 以上，粗纤维含量在 18％以下的饲料叫蛋白质饲料。蛋白质饲料主要包括植物性蛋白质饲料、动物性蛋白质饲料、微生物蛋白质饲料及工业合成产品等。

1. 植物性蛋白质饲料　包括大豆饼（粕）、棉仁（籽）饼（粕）、花生饼（粕）、菜籽饼（粕）、亚麻饼（粕）。

（1）大豆饼（粕）　大豆饼（粕）饲料是饼粕类饲料中最富有营养的一种饲料，蛋白质含量多达 42％～46％，且质量也较佳，是奶牛主要的蛋白质饲料。日饲喂量以占精饲料的 20％为宜。生大豆和未经加热的大豆饼（粕）含有胰蛋白酶抑制因子，不能直接饲喂奶牛。

（2）棉仁（籽）饼（粕）　棉籽榨油以后的副产品称为棉籽饼；棉籽去壳榨油称为棉仁饼。棉仁饼（粕）蛋白质含量可达41％，不脱壳的棉籽饼（粕）蛋白质含量约为 22％。作为蛋白质的补充饲料喂各种家畜均适宜。由于棉籽中含有游离棉酚，因此过量饲喂会引起中毒，日粮中应限制其用量。在成年母牛日粮中不应超过混合精饲料的 15％，或者喂量不超过 1.4 千克。

（3）菜籽饼（粕）　是一种高蛋白质饲料，其蛋白质含量一般为 35％，但其具有辛辣味，适口性差，因此，用量不能多，只能占蛋白质饲料中的一部分。菜籽饼在饲喂以前，不能用温水浸泡，因为菜籽饼中含有配糖体黑芥毒和芥毒，用温水浸泡菜籽饼时，配糖体在芥子酶的作用下分解形成有毒物质，如恶唑烷硫酮，能阻碍甲状腺合成，导致甲状腺肿大。如榨油时菜籽粉碎加热到 100℃左右，使芥子酶失去活性，则不会产生中毒的危险。为防止中毒，菜籽饼宜干喂，或将菜籽饼煮过后再饲喂，较为安全。奶牛日饲喂量为 1～1.5 千克，犊牛和怀孕母牛最好不要喂。菜籽饼（粕）的脱毒方法：在农村条件下，可用水浸泡法，按饼重的 5 倍加水浸泡 36 小时，并换水 5 次，脱毒率可达 90％。

（4）花生饼（粕）　脱壳后脱油的花生饼（粕），营养价值高，其粗蛋白质的含量达 45％（41％～47％），代谢能的含量可超过大豆饼（粕），而且适口性好，有香味，但很易感染黄曲霉菌，产生黄曲霉毒素，因此要贮藏好。花生饼（粕）可占精饲料的 20%，但最好与豆饼或其他饼粕类混喂。

（5）糟渣类饲料　含水量高，不易保存，一般趁新鲜时利用。糟渣类饲料干物质中一般含粗蛋白质 25% 左右，所以被列为蛋白质饲料。常用的有醪糟、啤酒糟等，这类饲料对提高奶产量效果明显。

①醪糟　含有丰富的蛋白质和较高的糖分，适口性极佳。同时糖分中含有混合酶类发酵物，有刺激消化功能和提高消化率的效果，日粮中配合一定量的醪糟，可刺激食欲，增加采食量，提高产奶量，特别是饴糖糟对提高奶牛产奶量效果更显著。所以对奶牛而言，醪糟被称为"敏感饲料"。缺点是夏季易变质，一般只能保存 4 天左右；冬季可保存 8 天左右。喂量过多会引起中毒或降低食欲。

②啤酒糟　新鲜啤酒糟含水分约 75%，啤酒糟内含有大量的大麦麸皮，故是糟粕类饲料中含粗纤维最高的。以干物质计算，含有粗纤维 18%、粗蛋白质 22%、无氮浸出物 47.9%、粗脂肪 6.3%。饲料中含磷多，含钙少，维生素 A、维生素 D 缺乏。饲喂量：育成牛和青年牛每天喂 1～4 千克，成年母牛日饲喂量控制在 7～10 千克。高产奶牛可适当增加饲喂量。饲喂时每天添加 50～100 克小苏打（碳酸氢钠），同时建议骨粉占日粮的 2%。另外，由于奶牛产奶初期营养常处于负平衡状态，因此，产后 1 个月内应尽量不喂或少喂啤酒糟，否则会影响生殖系统的恢复及诱发代谢疾病，对发情配种产生不利影响。啤酒糟适口性好，奶牛喜食，是提高奶牛产奶量的较好饲料。缺点是能量不足，夏季容易变质，一般夏季只可存放 3 天左右，冬季可存放 7 天左右。

啤酒糟可以微贮，由于微贮啤酒糟具有催乳作用，泌乳期过后即将停奶的奶牛最好不要饲喂啤酒糟。据报道，饲喂啤酒糟过量会损害奶牛健康，造成严重后果，主要会引起瘤胃酸中毒（可导致牛突然死亡)。夏天成年母牛日饲喂啤酒糟 20～30 千克，即可引起孕牛流产。

③酒糟　是酿酒工业副产品，营养价值高，但不能单独饲喂，应与胡萝卜、青草、糠麸、精饲料搭配，日饲喂量应控制在 3～5 千克，过多会引起便秘。

④甜菜渣　主要成分是碳水化合物，含蛋白质低，缺乏维生素，但适口性好，有利于维持夏天的采食量。由于含甜菜碱，故有毒害作用，鲜喂成年母牛日饲喂量为 10～15 千克，应与含蛋白质较多的混合精饲料和青饲料搭配使用。

⑤粉渣　是制作粉条和淀粉的副产品。用玉米、土豆、甘薯等做原料生产的粉渣，所含营养主要是淀粉和粗纤维，粗蛋白质极少；用豌豆、绿豆、蚕豆做原料生产的粉渣，含蛋白质较高，质量较好；制药厂的玉米淀粉因用亚硫酸液处理过玉米，有一定的毒害作用。粉渣夏天易腐败，吃了容易中毒，日饲喂量应控制在 3～5 千克。

⑥豆腐渣　含水分多，渣中有少量蛋白质和淀粉，缺乏维生素，但适口性好，消化率高。豆腐渣易腐败，夏天只能当天生产当天喂，隔天就会腐败变质，散发异臭。冬天也只能在两天内喂完，否则将会引起负面作用。日饲喂量为 2.5～3.5 千克。

2. 动物性蛋白质饲料　主要有鱼粉、血粉、牛奶、羊奶及其他动物加工副产品等，特点是蛋白质含量高，且蛋白质质量好，是最好的蛋白质补充饲料。缺点是有腥味，适口性差，有的奶牛不爱食。

(1) 鱼粉　蛋白质含量高，优质鱼粉蛋白质含量高达 60%。国产鱼粉蛋白质一般仅含 40%，但国产优质的可达 50%。含脂肪 10% 左右，含磷、钙、维生素都较高，营养价值很高。但是，鱼粉有腥味，奶牛不爱吃，而且鱼粉的价格一般都比较高，喂多了在经济上不合算。

(2) 全脂牛奶　含有丰富的蛋白质、脂肪、乳糖和维生素等，营养值甚高，是犊牛的主要食品。初生犊牛在出生后的 50～70 天之内，每天需喂 5 千克全脂牛奶。

（3）脱脂奶　蛋白质含量高，水溶性好，含维生素多，亦是犊牛的好饲料。

（4）羊奶　其营养价值与牛奶相似，也可用来哺育犊牛。

（5）血粉　含蛋白质较多，也可做奶牛的饲料。

二、能量饲料

1. 谷实类能量饲料　基本上是禾本科植物成熟的种子。含有丰富的无氮浸出物，除了燕麦（占 66%），占干物质的 71.6%～80.3%，其中主要是淀粉，占干物质的 80%～90%，因此具有很高的消化率。高能量是这类饲料的优点，但是这类饲料也存在一些不足。第一是蛋白质和必需氨基酸含量不足。按物质计算，能量饲料中粗蛋白质占 8.9%～13.5%，低于猪、鸡饲料中最基本的蛋白质需要（饲粮中蛋白质浓度），而且其中某些必需氨基酸含量也不足，特别是蛋氨酸和赖氨酸。第二是缺钙。谷实类饲料中的含钙量一般低于 0.1%，而磷的含量可达 0.31%～0.45%，这样的钙磷比对任何家畜都是不适宜的。况且这些植物来源的磷不适于单胃动物的利用。第三是缺乏维生素 A 和维生素 D。黄玉米中仅含有少量的胡萝卜素，为 1～6.6 毫克/千克。至于维生素 B 族含量尚属丰富，但维生素 B_2 含量低，且都存在于谷实的糊粉层与胚质中。因此，糠麸类饲料含有的维生素 B 族比较丰富。基于以上所含养分的突出优点和缺点，要发挥其所含高能量的作用，还应注意补充其养分方面的不足。

（1）玉米　产量高，饲用价值也高，所含能量浓度在谷实类饲料中排在第 1 位。玉米中蛋白质含量约为 8.9%，但是缺乏赖氨酸和色氨酸。黄玉米含有胡萝卜素，白色玉米中维生素 A 的含量较低。所有玉米的维生素 D 的含量都很低，含维生素 B_1 多，维生素 B_2 少。含有的维生素 B_3 比大麦和小麦少。黄玉米中的叶黄素及胡萝卜素可以使鸡的蛋黄、脚和喙变成黄色，对蛋黄影响最大。

玉米用于饲喂奶牛、肉牛时，最好是糠麸，或与燕麦混喂。如果用整粒玉米喂牛，会产生消化不良的情况，会有18%～33%的饲料未消化而整体排出体外，但是也无须进行过细的粉碎。粉碎的玉米如果水分高于14%，容易发霉，不宜长期贮存，如果要长期保存，不粉碎为好。

（2）高粱　养分含量与玉米相似。蛋白质含量略高于玉米，为8%～16%，其品质较差，几种主要必需氨基酸缺乏；消化能、代谢能低于玉米；脂肪含量、必需脂肪酸含量也低于玉米；高粱叶黄素含量低，对家禽腿、爪、喙、皮肤无着色作用。

单宁是高粱中抗营养因子，其含量因高粱品种而异，通常为0.2%～2%。含量在1%以上者为高单宁高粱，如褐高粱。含量在0.4%以下者为低单宁高粱，多为白色、红色高粱品种。

单宁降低了高粱适口性，导致畜禽采食量下降；单宁抑制畜禽消化道内消化酶的活性，降低了养分利用率；此外单宁影响了矿物质吸收和代谢；大量饲喂还可引起家畜便秘。

高粱饲用价值相当于玉米的90%～95%，当高单宁高粱在日粮中占50%时，猪、鸡生长受阻，饲料转化效率降低。同样也使反刍家畜生长速度下降。低单宁高粱几乎可以作日粮中全部能量饲料，不影响猪、鸡增重，产蛋率、饲料转化效率及死亡率。在生产实践中配合饲料时，通常将高粱控制在25%以下。

（3）小麦　在我国，小麦大部分供人类食用。在某些地区小麦价格低于玉米时也可用来作饲料。小麦的蛋白质含量（11%～16%）比玉米高，品质比玉米好，脂肪含量低于玉米；能量在谷实类饲料中较高，仅次于玉米。小麦适口性好，对各种畜禽都具有较高实用价值。肥育猪配合饲料中，若等量替代玉米可能因小麦消化能低于玉米而降低饲料转化效率，但不影响增重和生长速度，而且还会改善猪肉品质，脂肪白、硬度大。

在鸡配合饲料中，若小麦等量替代玉米时，饲喂效果不如玉米。相当于玉米的90%左右。因为小麦中含有木聚糖，增加鸡消化道食糜的黏稠度，从而降低了养分消化率和饲料利用率。因为粪便黏性增加，平养肉仔鸡垫料湿度大，使产蛋鸡产脏蛋。因小麦含叶黄素低，使蛋黄、鸡皮肤、喙、爪着色差。

小麦粉是所有谷物中，最适合于鱼的淀粉质饲料，具有黏合性，改善颗粒料的质量。

（4）燕麦　是一种很有价值的饲料作物，可用作能量饲料、青干草和青刈饲料。其子实中蛋白质含量在10%左右。蛋白质品质优于玉米，粗脂肪含量超过4.5%。燕麦壳占谷粒总重的25%～35%，粗纤维含量高，约在10%以上，能量少，营养价值低于玉米，维生素D和维生素B_3的含量比其他麦类少。燕麦粗纤维含量高，不宜做猪的主要饲料，当大量使用时，其饲用效果显著低于玉米和大麦，饲喂肉猪的用量应低于日粮的1/4～1/3。用燕麦喂鸡可防止以玉米为主要饲料时发生的排软便、质黏结、排泄孔被糊住的现象，尤其适用于笼养蛋鸡，其配合量可达40%，幼雏宜限制在15%以下。燕麦是乳、肉用牛及马的极好饲料。

（5）荞麦　荞麦籽实外壳较粗糙，粗纤维含量较高，在12%左右。其蛋白质品质较好，含赖氨酸0.73%、蛋氨酸0.25%。荞麦的能量价值较高。不过荞麦籽实中含有一种物质——感光咔啉，当动物采食以后白色皮肤部分受日光照射即发生过敏，并出现红斑点，严重时影响生长及肥育效果，这种感光物质在荞麦外壳中含量特别高。

2. 糠麸类能量饲料　是谷物加工副产品，主要有米糠、麦麸、高粱糠、谷糠和次粉等。这类饲料与谷实类相比，粗纤维含量高，淀粉少，因此能量低，蛋白质含量高，矿物质中钙低磷高，B族维生素多。由于加工方式不同，饲料中营养物质含量差异很大。随着粮食加工业的发展，农副产品的种类和数量不断增加，开辟新的饲料资源，合理地将这些饲料转化为畜产品，具有重大经济意义。

（1）米糠　是糙米加工成白米时的副产品，营养价值随白米加工程度不同而不同。加工的米越白，米糠的营养价值越高。米糠的缺点是粗纤维高（13.7%）和灰分高（11.9%）。粗蛋白质含量13%～14%，粗脂肪含量高，大约14.4%，所以能量高，但不易贮存，尤其夏季容易氧化而酸败。米糠榨油后成为米糠饼，由于脂肪含量低，能量也降低，但易保存不易氧化酸败，其他营养成分与米糠相似。米糠有轻泻作用，在饲粮中用量不宜过多，尤其仔猪和妊娠母猪。给育肥猪喂量过多，能使胴体脂肪变软。

（2）麦麸　是小麦磨面粉时的副产品，麦麸的营养价值与加工程度有关。面粉出得多则麦麸产量少，营养价值低。面粉出得少，麦麸产量多，营养价值高。麦麸含粗蛋白15.7%，含粗纤维10%左右，能量低，麦麸中钙少磷多，当使用麦麸时要注意钙的补充。麦麸质地疏松，适口性好，是喂猪的好饲料。由于粗纤维含量高，能量低，饲喂仔猪时不宜超过5%。麦麸有轻泻作用，母猪产后用温水冲麦麸饲喂能调节消化功能，防止顶食。

3. 块根块茎类　主要有甘薯、土豆、胡萝卜、饲用甜菜和南瓜等。它们的干物中含有很多淀粉和糖，所以能量高，属于能量饲料。在新鲜饲料中含水分75%～90%，干物质少。在干物质中含无氮浸出物50%～85%，含粗纤维5%～11%，含消化能3.30～3.78兆卡/千克，含粗蛋白质4%～12%。矿物质中钙和磷的含量都低。如果日粮中大量使用此类饲料要注意补充矿物质饲料。饲料中各种维生素含量不同，维生素C和维生素B_1、维生素B_2和尼克酸含量高，胡萝卜和南瓜中含有丰富的胡萝卜素。

（1）甘薯（白薯、地瓜、山芋）　是常用的猪饲料，一般亩产1000～1500千克，青割甘薯秧每667平方米产15 000～25 000千克。甘薯含水分70%～75%，淀粉含量高，粗纤维低。以干物质计算时能量高，粗蛋白含量低而且品质不好，钙含量低。以甘薯为主要饲料的地区，在配制饲粮时要注意蛋白质、矿物质和维生素的补充。甘薯和甘薯秧可以鲜喂，在秋季也可制成青贮饲料存起来，供冬季长期饲喂。

（2）胡萝卜　适应性强，在我国南北方都可种植。胡萝卜含有丰富的胡萝卜素，秋季将胡萝卜连叶一起做成青贮，是冬春季节维生素的重要来源。胡萝卜含有蔗糖和果糖，适口性好，能调剂饲粮的口味。胡萝卜对仔猪的生长、母猪的发情、妊娠和泌乳以及公猪的精液品质都有良好的促进作用。喂胡萝卜不要煮熟，以免破坏维生素。

（3）饲用甜菜　适于北方种植；分为饲用甜菜、半糖用甜菜和糖用甜菜。饲用甜菜中蛋白质含量为 8%～10%，含糖 55%～65%。能量较高，新鲜甜菜喂猪容易发生腹泻，应当贮存一段时间后再喂。甜菜渣为糖用甜菜制糖后的渣。甜菜渣中粗纤维含量高，但猪的消化率在 80% 左右，所以消化能高。干甜菜渣吸水性强，在饲喂前应用 2～3 倍重量的水浸泡然后再喂，避免干饲后在消化道吸水后膨胀。

（4）土豆（马铃薯）　北方地区栽种土豆产量较高。新鲜土豆含水 80% 左右，干物质中含淀粉 70%，所以消化能高。土豆幼芽含有龙葵碱，能使猪中毒，喂猪前应将芽除掉。土豆宜煮熟后饲喂，煮熟后的淀粉易消化。

4. 液体能量饲料　包括动植物油脂、制糖及制乳业副产品等。

（1）油脂　包括动物脂肪和植物油。油脂的能量浓度很高，动物脂肪含代谢能 35 兆焦/千克，约为玉米的 2.5 倍。植物油含代谢能 37 兆焦/千克。在配合饲料中添加一定量油脂可提高日粮能量水平，改善适口性，同时降低畜体增热，减少畜禽炎热气候条件下的散热负担。此外，减少饲料配制过程中粉尘损失，改善饲料外观及减少机械磨损。

油脂在日粮中用量，仔猪料 5%～10%，生长肥育猪料 3%～5%，妊娠母猪、哺乳母猪料 10%～15%，肉仔鸡料 3%～5%，产蛋鸡料 2%～4%。用油脂量还要视价格而定，如果油脂的价格低于玉米的 3 倍，即可考虑在日粮中使用。

我国植物油价格贵，有的地方用油脚作饲料。油脚含有油、磷脂、大量水分、游离脂肪酸及其他成分。油脚色深且黏稠，不易保存和运输，夏季时极易酸败。

（2）糖蜜甘蔗和甜菜制糖的副产品 糖蜜中仍含有 50% 蔗糖和 20%～30% 的水分，无粗纤维和脂肪。干物质中粗蛋白质含量甘蔗糖蜜中 4%～5%，甜菜糖蜜中 10% 左右。且非蛋白氮占较大比例，代谢能 8.4 兆焦/千克。糖蜜味甜，适口性好。由于黏稠，很难直接加入配合饲料中混合均匀。糖蜜是促进青贮原料乳酸发酵的良好添加物，豆科牧草每吨添加糖蜜 15～20 千克，禾本科初花花期牧草每吨添加 7～10 千克。糖蜜具有轻泻作用，饲喂量大时使粪便变稀。

（3）乳清是生产乳制品（奶酪、奶油）的副产品 乳清含水量在 90% 以上，干物质中主要的成分是乳糖，残留有少量的乳蛋白和乳脂。通常将乳清经喷雾干燥制成乳清粉。乳清粉是代乳饲料中不可缺少的。在乳猪配合料中通常占有 5%～15% 比例。乳清粉干物质中含猪消化能 14.29 兆焦/千克，粗蛋白质 12.9%，赖氨酸含量为 0.8%。

三、矿物质饲料

1. 食盐 家畜饲粮多以植物性饲料为主，而此类饲料中含钠和氯较少，含钾丰富。为满足家畜对钠、氯的需要，应补充食盐。食盐不但可提高饲料的适口性，还可增强家畜的食欲。

食盐含钠 38%～39%、氯 58.5%～60.2%，喂量不可过多，否则会造成食盐中毒。食盐在风干饲粮中的用量：牛、羊、马等草食家畜约占 1%，猪和鸡一般以 0.3%～0.5% 为宜。注意：在缺碘地区，应补饲碘化食盐，以弥补家畜必需的碘元素。

2. 含钙的矿物质饲料 一般来说，在青饲料和动物性饲料中，矿物质元素含量比较平衡，钙的含量也较多，而精饲料含钙量一般不足，不能满足家畜的需要，通常需补钙。含钙的矿物质饲料主要有：

（1）石粉　主要指石粉粉，是天然的碳酸钙。石粉含钙量为34％～38％，是补钙来源最广、价格最为低廉的矿物质原料。天然石粉，如果铅、汞、砷、氟的含量不超标，均可作为家畜饲料。石粉的用量：仔猪为占饲料的1％～1.5％，育肥猪为2％，种猪为2％～3％；幼鸡为2％左右，蛋鸡和种鸡为7％～7.5％。肉鸡和肉鸭为3％～4％。此外，大理石、白云石、方解石、石膏、白垩石、熟石灰等均可用作补钙饲料。

（2）贝壳粉　贝壳包括蚌壳、牡蛎壳、蛤蜊壳和螺蛳壳等，其主要成分为碳酸钙，含钙量达33％～38％。因成本较低廉，故也是使用比较广泛的补钙饲料。

3. 含磷的矿物质饲料　只含磷的矿物质饲料在配合饲料中使用不多，当饲粮中钙的比例过高或钙、磷饲料缺乏时，才用其来补充磷的含量和平衡钙磷比例。常见补磷的矿物质饲料有磷酸氢钠（NaH_2PO_4）和磷酸氢二钠（Na_2HPO_4）。前者含磷25.80％、钠19.15％，后者含磷21.81％、钠32.38％。如果以钠的磷酸盐补磷会改变饲粮中钠的比例，在配合饲料生产中应注意。

4. 含钙和磷的矿物质饲料　既含钙又含磷的矿物质饲料在生产中使用较为广泛，通常与含钙的饲料共同配合使用，以保证饲粮的正常钙、磷比例。这类矿物质饲料有骨粉、磷酸钙、磷酸氢钙和过磷酸钙等。

（1）骨粉　是指动物骨骼经过高压蒸煮，再脱脂、脱胶干燥后磨成的细粉，其主要成分为磷酸钙。因加工方法不同而分为煮骨粉和蒸骨粉。煮骨粉含钙24.5％～25.4％、含磷11.0％～11.6％，蒸骨粉含钙30.8％～33.6％、含磷12.9％～14.9％。优质的骨粉色白、不结块，陈旧变质的骨骼制成的骨粉，色暗且有臭味，千万不要饲用。蒸骨粉因含氟量远远超过矿物质饲料的安全允许量，故在加工时必须进行脱氟处理后方可使用。

（2）磷酸钙盐　钙磷比例约为3：2，接近于动物需要的平衡比例。而过磷酸钙中磷的含量则超过钙。这些磷酸盐均可补充饲料中所需的磷。不过补饲含过磷酸钙或磷矿石等类矿物质饲料时，要注意其中氟等杂质的含量。例如，磷灰石粉含氟较多，但其钙、磷含量却接近骨粉，经脱氟后的磷灰石粉含氟量约为70毫克/千克，且价格低廉，可代替骨粉使用。

5. 含铁饲料　硫酸亚铁（$FeSO_4$）、碳酸亚铁（$FeCO_3$）、三氯化铁（$FeCl_3$）、枸橼酸铁铵［$Fe(NH_3)C_6O_7$］、氧化铁（Fe_2O_3）都可作为补铁的饲料。其中以硫酸亚铁的生物学效价较好，氧化铁最差。

6. 含铜饲料　碳酸铜（$CuCO_3$）、氯化铜（$CuCl_2$）、硫酸铜（$CuSO_4$）等都可作为含铜的饲料。硫酸铜生物学效价高，而且还具有类似抗生素的作用。饲用效果最好，应用比较广泛。

7. 含锌饲料　氯化锌（$ZnCl_2$）、硫酸锌（$ZnSO_4$）、碳酸锌（$ZnCO_4$）等都可作为锌的补充饲料。氧化锌的锌含量为70%～80%，比硫酸锌高一倍以上，价格也便宜。

8. 含锰饲料　碳酸锰（$MnCO_3$）、氧化锰（MnO）、硫酸锰（$MnSO_4$）等均可作为锰的补充饲料。

9. 含碘饲料　比较安全常用的含碘化合物有碘化钾（KI）、碘化钠（NaI）、碘酸钾（KIO_3）、碘酸钠（$NaIO_3$）、碘酸钙［$Ca(IO_3)_2$］等。前几种碘化合物不稳定，易分解引起碘的损失。碘酸钙在水中的溶解度较低，也较稳定，生物学效价和碘化钾接近，常被应用。

10. 含硒饲料　补硒最好以亚硒酸钠（Na_2SeO_3）的形式。亚硒酸钠有毒，必须由专业人员配合加入，一定要均匀配合到饲料中去。由于硒超量投喂具有致癌作用，其用量有严格的限制。例如在猪的全价配合饲料中限制用量为0.1毫克/千克。各种动物预混料的硒含量不得超过200毫克/千克。每吨饲料中添加剂不得超过0.5千克，其中硒含量100毫克。

11. 含钴饲料　常用的有醋酸钴［$Co(C_2H_3O_2)_2$］、碳酸钴

（CoCO₃）、硫酸钴（CoSO₄）等。多用的一水硫酸钴含钴 33%，呈血青色，要求细度应通过 200 目筛。

四、青绿饲料

青绿饲料的种类极其繁多，以富含叶绿素而得名。按饲料的分类，这类饲料主要指天然水分含量等于或高于 60% 的青绿多汁饲料。主要包括天然牧草、人工栽培牧草、青饲作物、叶菜类、非淀粉质根茎瓜类、水生植物及树叶类等。这类饲料种类多，来源广，产量高，营养丰富，对促进动物生长发育，提高畜产品品质和产量等具有重要作用，被人们誉为"绿色能源"。青绿饲料的含水量很高，陆生作物在 75%～90%，水生作物在 95% 左右。以豆科植物的蛋白质含量最高，达到 3.2%～4.4%，按照干物质计算，豆科蛋白质含量达到 18%～24%。禾本科牧草、蔬菜类饲料蛋白质含量也可达到 1.5%～3%，按照干物质计算可以达到 13%～15%。青绿饲料蛋白质消化率高，蛋白质的质量好，钙和磷比例合适，胡萝卜素和 B 族维生素含量非常丰富。营养价值与一般精饲料相近，是草食家畜的主要饲料来源，但是对于猪和家禽来说，不能只喂青绿饲料，一定要搭配其他的配合饲料。

（一）青绿饲料的主要营养特性

1. 水分含量高　陆生植物的水分含量为 60%～90%，而水生植物可高达 90%～95%，因此其鲜草含的干物质少，能值较低。陆生植物每千克鲜重的消化能在 1.20～2.50 兆焦之间。如以干物质为基础计算，由于粗纤维含量较高（15%～30%），其能量营养价值也较能量饲料为低，其消化能值为 8.37～12.55 兆焦/千克。尽管如此，优质青绿饲料干物质的能量营养价值仍可与某些能量饲料相媲美，如燕麦子实干物质所含消化能为 12.55 兆焦/千克，而麦麸为 10.88 兆焦/千克。

2. 蛋白质含量较高　品质较优，一般禾本科牧草和叶菜类饲料的粗蛋白质含量在 1.5%～3.0% 之间，豆科牧草在 3.2%～4.4% 之间。若按干物质计算，前者粗蛋白质含量达 13%～15%，后者可高达 18%～24%。后者可满足动物在任何生理状态下对蛋白质的营养需要。不仅如此，由于青绿饲料是植物体的营养器官，含有各种必需氨基酸，尤其以赖氨酸、色氨酸含量较高，故蛋白质生物学价值较高，一般可达 70%以上。

3. 粗纤维含量较低　幼嫩的青绿饲料含粗纤维较少，木质素低，无氮浸出物较高。若以干物质为基础，则其中粗纤维为 15%～30%，无氮浸出物在 40%～50%。粗纤维的含量随着植物生长期的延长而增加，木质素的含量也显著增加。一般来说，植物开花或抽穗之前，粗纤维含量较低。猪对未木质化的纤维素消化率可达 78%～90%，对已木质化的纤维素消化率仅为 11%～23%。

4. 钙磷比例适宜　青绿饲料中矿物质含量因植物种类、土壤与施肥情况而异。钙为 0.25%～0.5%，磷为 0.20%～0.35%，比例较为适宜，特别是豆科牧草钙的含量较高，因此依靠青绿饲料为主食的动物不易缺钙。此外，青绿饲料还含有丰富的铁、锰、锌、铜等微量矿物元素。但牧草中钠和氯一般含量不足，所以放牧家畜需要补给食盐。

5. 维生素含量丰富　青绿饲料是供应家畜维生素营养的良好来源。特别是胡萝卜素含量较高，每千克饲料含 50～80 毫克之多。在正常采食情况下，放牧家畜所摄入的胡萝卜素要超过其本身需要量的 100 倍。此外，青绿饲料中 B 族维生素、维生素 E、维生素 C 和维生素 K 的含量也较丰富，如青苜蓿中含维生素 B_1 为 1.5 毫克/千克、维生素 B_2 4.6 毫克/千克、维生素 B_3 18 毫克/千克。但缺乏维生素 D，维生素 B_6（吡哆醇）的含量很低。

另外，青绿饲料幼嫩，柔软多汁，适口性好，还含有各种酶，激素和有机酸，易于消化。青绿饲料中有机物质的消化率：反刍动物为 75%～85%，马为 50%～60%，猪为 40%～50%。

综上所述，从动物营养的角度来说，青绿饲料是一种营养相对平衡的饲料，但因其水分含量高，干物质中消化能较低，从而限制了其潜在的营养优势。尽管如此，优质的青绿饲料仍可与一些中等的能量饲料相比拟。因此，在动物饲料方面，青绿饲料与由它调制的干草可以长期单独组成草食动物饲粮，并且还可以提供一定的产品。对单胃杂食动物（如猪、鸡）来说，由于青绿饲料干物质中含有较多数量的粗纤维，它们对粗纤维的消化主要在盲肠内进行，因而对青绿饲料的利用率较差。并且，青绿饲料容积较大，而猪、鸡的胃肠容积有限，使其采食量受到限制。因此，在猪禽饲粮中不能大量加入青绿饲料，但可作为一种蛋白质与维生素的良好来源适量搭配于饲粮中，以补充其饲料组成的不足，从而满足猪禽对营养的全面需要。

（二）青绿饲料分类

1. 禾本科青绿饲料　大部分品种在籽实尚未成熟时适口性很好。以青饲玉米品质最好，老化晚，饲用期长，见表1—1。从抽穗期到成熟期消化率变化小，收获晚些干物质单位面积产量增加。青饲玉米柔软多汁，适口性好，牛日饲喂量可达40～50千克，种猪打浆饲喂，日饲喂量5～10千克。

表1—1　青玉米不同生长期营养成分与消化率（％）

生产阶段	干物质	粗蛋白质		粗脂肪		粗纤维		无氮浸出物		钙	磷
		含量	消化率	含量	消化率	含量	消化率	含量	消化率		
抽雄	15.0	1.6	61	0.3	69	4.2	64	7.8	—	—	—
乳熟	19.9	1.6	59	0.5	73	5.1	62	11.6	76	—	—
蜡熟	26.9	2.1	59	0.7	79	6.2	62	16.6	77	0.08	0.07
成熟	37.7	3.0	58	1.0	79	7.8	62	24.2	73	0.11	0.07
平均	24	2.0	59	0.6	74	6.0	62	14.5	73	0.09	0.07

青饲大麦是优良的青绿多汁饲料，生长期短、分蘖力强、再生力强，通常在孕穗至成熟期收割饲喂，开花期以后老化，品质下降。燕麦叶多茎少，叶子柔软多汁，适口性好，也是一种良好的青绿饲料，从乳熟期到成熟期均可收获。黑麦草生长快，分蘖多，茎叶柔软光滑，品质好，适口性也好。饲喂猪应在抽穗前收

割，喂牛、马、羊稍迟。

黑麦草中最有饲用价值的是多年生黑麦草和一年生黑麦草，我国南北方都有种植。黑麦草生长快，分蘖多，一年可多次收割，产量高，茎叶柔嫩光滑，适口性好，以开花前期的营养价值最高，可青饲、放牧或调制干草，各类家畜都喜食。新鲜黑麦草干物质含量约17%，粗蛋白质2.0%，产奶净能为1.26兆焦/千克。

黑麦草干物质的营养组成随其刈割时期及生长阶段而不同（表1-2）。由表可见，随生长期的延长，黑麦草的粗蛋白质、粗脂肪、灰分含量逐渐减少，粗纤维明显增加，尤其不能消化的木质素增加显著，故刈割时期要适宜。

黑麦草制成干草或干草粉再与精料配合，作肉牛育肥饲料效果很好。试验证明，周岁阉牛在黑麦草地上放牧，日增重为700克；喂黑麦草颗粒料（占饲粮40%、60%、80%），日增重分别为994克、1000克、908克，而且肉质较细。

表1-2 不同刈割期黑麦草的营养成分（占DM%）

刈割期	粗蛋白质	粗脂肪	灰分	无氮浸出物	粗纤维	粗纤维中木质素含量
叶丛期	18.6	3.8	8.1	48.3	21.1	3.6
花前期	15.3	3.1	8.5	48.3	24.8	4.6
开花期	13.8	3.0	7.8	49.6	25.8	5.5
结实期	9.7	2.5	5.7	50.9	31.2	7.5

另外，鸡脚草、无芒雀麦草、牛尾草、羊草等均为重要禾本科牧草。鲜草可以喂牛、羊、马、兔子，嫩草可以打浆喂猪，也可制成干草或者制作青贮。

2. 豆科青绿饲料 我国栽培豆科牧草有悠久的历史，2000年以前紫花苜蓿已在我国西北普遍栽培；草木樨在西北作为水土保持植物也有大面积的种植；其他如紫云英、苕子等既作饲料又是绿肥植物。

紫花苜蓿也叫紫苜蓿、苜蓿，为我国最古老、最重要的栽培牧草之一，广泛分布于西北、华北、东北地区，江淮流域也有种植。其特点是产量高、品质好、适应性强，是最经济的栽培牧草，被冠以"牧草之王"。紫花苜蓿的营养价值很高，在初花期刈割的干物质中粗蛋白质为20%～22%，产奶净能5.4～6.3兆焦/千克，钙3.0%，而且必需氨基酸组成较为合理，赖氨酸可高达1.34%，此外，还含有丰富的维生素与微量元素，如胡萝卜素含量可达161.7毫克/千克。紫花苜蓿中含有各种色素，对家畜的生长发育及乳汁、卵黄颜色均有好处。紫花苜蓿的营养价值与刈割时期关系很大，幼嫩时含水多，粗纤维少。刈割过迟，茎的相对密度增加而叶的相对密度下降，饲用价值降低（表1－3）。

表1－3　不同生长阶段苜蓿营养成分的变化（占DM%）

生长阶段	粗蛋白质	粗脂肪	粗纤维	无氮浸出物	灰分
营养生长期	26.1	4.5	17.2	42.2	10.0
花前期	22.1	3.5	23.6	41.2	9.6
初花期	20.5	3.1	25.8	41.3	9.3
1/2 盛花期	18.2	3.6	28.5	41.5	8.2
花后期	12.3	2.4	40.6	37.2	7.5

　　一般认为紫花苜蓿最适刈割期是在第1朵花出现至1/10开花，根茎上又长出大量新芽的阶段，此时，营养物质含量高，根部养分蓄积多，再生良好。蕾前或现蕾时刈割，蛋白质含量高，饲用价值大，但产量较低，且根部养分蓄积少，影响再生能力。刈割时期还要视饲喂要求来定，青饲宜早，调制干草可在初花期刈割。喂猪禽可早割，喂牛羊可稍迟。苜蓿为多年生牧草，管理良好时可利用5年以上，第2～4年产草量最高。

　　苜蓿的利用方式有多种，可青饲、放牧、调制干草或青贮，对各类家畜均适宜。用青苜蓿喂乳牛，乳牛泌乳量高、乳质好。成年泌乳母牛每日每头可喂15～20千克，青年母牛10千克左右。

对舍饲的小尾寒羊或大尾寒羊，每只日喂 2～3 千克。用青苜蓿喂猪、鸡时，多利用植株上半部幼嫩枝叶，切碎或打浆饲喂效果较好。

紫花苜蓿茎叶中含有皂角素，有抑制酶的作用，牛羊大量采食鲜嫩苜蓿后，可在瘤胃内形成大量泡沫样物质，引起膨胀病，使产奶量下降甚至死亡，故饲喂鲜草时应控制喂量，放牧地最好采取豆禾草混播。

3. 水生青绿饲料　水生饲料大部分原为野生植物，经过长期驯化选育已成为青绿饲料和绿肥作物，主要有水浮莲、水葫芦、水花生、绿萍、水芹菜和水竹叶等。这类饲料具有生长快、产量高、不占耕地和利用时间长等优点。在南方水资源丰富地区，因地制宜发展水生饲料，并加以合理利用，是扩大青绿饲料来源的一个重要途径。

水生饲料茎叶柔软，细嫩多汁，施肥充足者长势茂盛，营养价值较高，缺肥者叶少根多，营养价值也较低。这类饲料水分含量特别高，可达 90％～95％，干物质含量很低，故营养价值也降低（表 1—4），因此，水生饲料应与其他饲料搭配使用，以满足家畜的营养需要。

表 1—4　水生饲料成分及营养价值

种类	干物质（％）	粗蛋白质（％）	粗纤维（％）	钙（％）	磷（％）	消化能（猪）（兆焦/千克）
水浮莲	7.0	1.1	1.2	0.13	0.07	0.54
水葫芦	5.1	0.9	1.2	0.04	0.02	0.59
水花生	6.0	1.1	1.1	0.08	0.02	0.54
绿萍	6.0	1.6	0.9	0.06	0.02	0.71
水芹菜	10.0	1.3	1.5	0.09	0.02	0.96
水竹叶	6.0	0.8	1.0	—	—	0.54

此外，水生饲料最易带来寄生虫病，如猪蛔虫、姜片虫、肝片吸虫等，利用不当往往得不偿失。解决的办法除了注意水塘的消毒、

灭螺工作，最好将水生饲料青贮发酵或煮熟后饲喂，有的也可制成干草粉。熟喂时宜随煮随喂，不宜过夜，以防产生亚硝酸盐。

4. 蔬菜饲料　主要营养成分见表1—5。它们存在的主要共性问题就是水分高，能量及其营养物质含量低。但是其质地柔软，适口性好。

表1—5　蔬菜类饲料营养

品种	可消化粗蛋白（克/千克）	粗蛋白质（%）	粗纤维（%）	钙（%）	磷（%）
甘蓝叶	99.0	16.0	15.0	0.7	0.4
白菜叶	130.1	22.0	18.0	1.95	0.35
甘薯藤	120.0	16.0	20.0	1.60	0.4
胡萝卜缨	63.9	13.9	13.9	1.48	0.24
土豆秧	83.0	16.6	33.3	2.4	1.36
牛皮菜	73.4	16.4	12.6	1.01	0.52
菊芋叶	102.1	19.7	11.7	1.97	0.28
南瓜藤	825.0	16.8	19.0	3.1	0.29

5. 使用青绿饲料应该注意的问题

（1）氢氰酸中毒　南瓜藤、高粱幼苗、玉米幼苗、三叶草、苏丹草、亚麻叶、鲜木薯都含有氰甙配体糖，大量食用可引起中毒。氰甙进入机体后在酶作用下水解为剧毒物质氢氰酸。中毒的家畜呼吸困难，起卧不安，可视黏膜鲜红，最后因呼吸和心血管中枢麻痹死亡。剖检可见血液鲜红色，血液凝固不良。

（2）苜蓿中毒　牛、羊大量采食鲜苜蓿可发生瘤胃鼓胀病，如不及时排除瘤胃内气体，最后将导致窒息。此外，还会使猪、马、牛皮肤出现紫红色疹块，食欲减退、腹痛等症状。为避免中毒，应与其他饲料混合饲喂。

（3）草木樨中毒　草木樨霉烂时形成的双香豆素（或称出血素），它影响维生素K的作用，阻止凝血素形成。当家畜采食霉变草木樨时，会引起出血。

（4）亚硝酸盐中毒　蔬菜类饲料中含有毒性低的硝酸盐，在潮湿高温条件下转化成毒性高的亚硝酸盐。单胃家畜多是食入已形成亚硝酸盐而中毒，反刍家畜牛、羊食入过多的硝酸盐也会中毒。急性中毒家畜症状有腹泻、腹痛、呕吐、呼吸困难、肌肉颤抖、皮肤乌青。猪的亚硝酸盐中毒发生很快，甚至无症状表现即死亡。剖检可见血液似酱油黑色或咖啡色。为避免亚硝酸盐中毒，蔬菜类饲料新鲜生喂。腐烂变质的青绿饲料不要饲喂家畜。如需要煮熟饲喂，最好是急火煮熟后立即取出。反刍家畜饲喂甜菜茎叶一次不可太多。

（5）水生饲料寄生虫　水生饲料易带来寄生虫病，如猪蛔虫、姜片虫、肝吸虫等，如解决不好寄生虫，水生饲料往往得不偿失。解决方法是，饲用前消毒、漂洗。

五、青贮饲料

青贮饲料是奶畜的一种营养丰富的多汁饲料。因为它适口性好、易消化，营养丰富，调制方便又耐久贮，因而很受欢迎。每年进入夏秋季节，正是调制青贮饲料的好时机，应利用各自的条件，适时进行全株玉米（带棒玉米）或玉米秸等的青饲。青贮饲料是将新鲜的青刈饲料作物、牧草、野草、玉米秸和各种藤蔓等，切碎装入青贮窖或塔内，隔绝空气，经过微生物的发酵作用，制成一种具有特殊气味、营养丰富的饲料。它基本上保持了青绿饲料原有的一些特点，故有"草罐头"之称。

1. 青贮饲料与其他一些饲料相比，具有很多优越性

（1）能保存青绿饲料中极大部分的养分　饲料在贮存过程中必然有一定数量养分损耗。但贮存的方式不同，养分损失的种类与数量也不同。例如，在干草调制过程中，养分损失达 30％～40％，而调制青贮料，由于不受日晒、雨淋的影响，养分损失较少，干物质的损失一般为 10％～15％。特别是胡萝卜素的保存率，青贮比其他调制方法都高。

（2）能延长青饲季节　青绿饲料虽然很好，但一年四季中能正常利用的季节有限，如我国西北各地，青饲季节不足半年。在整个冬春季节中家畜缺乏青绿饲料。而采用青贮的办法，可以弥补青饲料在利用时间上的缺陷。也就是说，利用青贮方法调制饲料，有利于营养物质的全年均衡供应。

（3）适口性好，易消化　在青贮过程中产生大量乳酸，故气味芳香，柔软多汁，适口性好，各种家畜都喜食，且有刺激家畜消化腺分泌的作用，有试验表明，青贮有提高消化率的利用，见表1-6。

表1-6　同种原料的青贮料与干草的消化率（％）

	干物质	粗蛋白质	粗脂肪	无氮浸出物	粗纤维
干草	65	62	53	71	65
青贮	69	63	68	75	72

（4）调制方便，耐久藏　青贮料调制很方便，一次贮备，长久利用，而且在调制过程中不太受气候条件的限制。青贮料制成后，若当年用不完，只要不漏气，长期保存也不会变质。青贮料存放时体积是干草体积的一半，这既可节省存放场地，同时存放又安全。

（5）可以扩大饲料资源

①有些植物，如菊科类植物及马铃薯茎叶等在青饲时，有怪味，适口性差，家畜不喜食，饲料利用率低。但经青贮之后，气味改善，柔软多汁，提高了适口性，减少了废弃部分。

②有些农副产品，收获期很集中，且收获量又很大，一时用不完（或不宜大量饲喂），又不能直接存放，或因天气条件限制，不能晒干，无其他办法保存，在这种情况下不能充分发挥这类饲料的作用。若及时调制成青贮料，则能理想地解决此矛盾。如甘薯蔓、萝卜叶、甜菜叶、玉米上梢等都属于此种情况。

③块根块茎及瓜类饲料中如甘薯、胡萝卜等，单独贮存时要求条件很高，且费工，尚不能耐久贮。如果将这些原料及时切

碎，添加适量干草粉（或切碎干草），青贮起来，则既不怕腐烂，又不愁天暖后发芽而消耗养分。

2. 主要的青贮饲料原料

（1）禾本科作物

①玉米　玉米青贮有四种形式，即全植株青贮、果穗青贮、去穗茎秆青贮及玉米子粒青贮。全植株青贮的收获期为蜡熟期至黄熟期；去穗茎秆青贮是玉米果穗成熟收获后，茎秆有一半以上的绿叶，立即收割玉米秆进行青贮；玉米子粒湿贮水分为20%～28%；果穗青贮是将玉米果穗用切割机破碎后湿贮，水分30%～35%。谷实湿贮可防止谷物霉烂，其消化率与晒干谷物相近。谷物湿贮适于多雨湿度大、霜冻早地区。

②高粱　高粱植株高3米左右，产量高。茎秆内含糖量高，特别是甜高粱。可调制成优良的青贮饲料，适口性好。一般在蜡熟期收割。此外，冬黑麦、大麦、无芒雀麦、苏丹草等均是优质青贮原料。收割期约在抽穗期。禾本科作物由于含有2%以上的可溶性糖和淀粉，青贮制作，容易成功。

（2）豆科作物　苜蓿、草木樨、三叶草、紫云英、豌豆、蚕豆等通常在始花期收割。因其含蛋白质高，糖分少。在制作高水分青贮时应与含可溶性糖、淀粉多的饲料混合青贮。例如：与玉米高粱茎秸混贮；与糠麸混贮；与甜菜、甘薯、马铃薯混贮；或者经晾晒水分低于55%，半干青贮。

（3）蔬菜、水生饲料　胡萝卜缨、白菜、甘蓝、马铃薯秧、红薯藤、南瓜秧以及野草、野菜、水生饲料等，因含水量高、糖分低不易青贮。通常经晾晒水分降至55%以下进行半干青贮或者与含糖高水分低的其他饲料混贮。

3. 青贮饲料的制作关键

（1）无氧（厌气）环境　由于乳酸菌的生长繁殖需要在无氧环境中进行，所以在青贮过程中一定要及早创造无氧环境。在整个操作过程中主要采取以下措施。切短压紧：无论装在何种青贮设备中，都需要对原料切短压紧。对于质地粗硬的原料尤其重要，通常切成 2～3 厘米的短截，采用逐层踏实的办法。对青贮窖来说，更应注意四壁原料的压紧。快装：在调制青贮料的过程中，必须抓紧时间，集中人力、机具，搞突击，缩短原料在空气中暴露的时间，装窖越快越好。若延长装窖时间，除受植物细胞呼吸作用的影响损失营养物质外，同时也由于呼吸作用而使温度上升，引起杂菌繁殖，致使青贮料品质下降。封严：不论青贮容器是何种式样，青贮原料装完后就得及时封闭，隔绝空气。现将贮窖办法介绍如下：窖装满后（原料高出地面 1 米左右）应立即修整，并覆盖塑料薄膜或潮麦草，然后马上压土封窖。封窖一般分两次进行，第 1 次在窖装满后立即进行。第 2 次隔 5～7 天再进行。2 次压土不宜少于 30 厘米，且必须高出四周地面，防止雨水灌入，贮后 20 天内还要经常检查是否由于原料下沉而产生裂缝，必须及时填平，四周留有排水沟。

（2）原料中的糖分　糖是乳酸菌形成乳酸的原料，只有足够数量的糖，才有可能使乳酸菌形成足够数量的乳酸。若原料中可溶性糖含量很少，即使其他条件都具备，也不能制得优质青贮料。

表 1—7　几种常用青贮原料的含糖量

饲料	青贮后 pH	最低需要含糖量（%）	实际含糖量（%）	青贮糖差
玉米（全株）	1.7	5.50	19.71	＋14.21
叶	4.5	7.90	6.11	－1.79
茎	3.7	5.26	28.90	＋23.64
饲用甘蓝（全）	3.9	7.41	24.90	＋17.49
叶	4.1	9.09	12.06	＋2.97
茎	3.8	4.53	36.95	＋32.42
马铃薯茎叶（全）	5.4	9.69	8.53	－1.16
叶	6.4	12.70	1.60	－11.10
茎	3.8	8.25	13.79	＋5.54

在生产上为了将不易青贮或难青贮的原料也能制成优质青贮料，可以采取措施改变原料中含糖量。一般采用添加含糖或含淀粉多的饲料，如用甘薯、马铃薯、禾本科谷实粉等来提高青贮原料中的含糖量。

（3）适宜的水分　一般青贮法对原料的含水量要求为68%～75%，过干或水分过多都不利。原料中水分不足：不易压实，藏有空气，引起发霉变质。若原料比较柔软，则水分少些还可以压实，原料粗硬，极难压实。原料中水分过多：可溶性营养物质易随渗出的汁液而流失。若窖底不渗水，则底部水分过多引起酸度太大（多半是醋酸），影响青贮料的品质。

调节青贮原料中水分的办法有：原料中水分少于要求含量时，在青贮时喷入适量清水，或加入一定数量的多汁饲料。若采取喷入清水的办法，则一定要均匀。原料中水分过多，则采取加入干草或糠吸收水分，也可将原料在日光下蒸发水分，但这个办法不理想。

总之，制作青贮料要做到"六随三要"，即：随收、随运、随铡、随装、随踏、随封，要铡短、要压紧、要封严。

4. 青贮饲料品质鉴定　我国目前尚无统一的国家标准，生产中通常凭借感官鉴定。青贮料感观鉴定是从色、香、味和质地来决定。颜色：因原料与调制方法不同而有差异。青贮料的颜色越近似于原料颜色，则说明青贮过程是好的。品质良好的青贮料，颜色呈黄绿色；中等呈黄褐色或褐绿色；劣等的为褐色或黑色。气味：正常青贮有一种酸香味，略带水果香味者为佳；凡有刺鼻的酸味，则表示含有醋酸较多，品质较次；霉烂腐败并带有酸味（臭）者为劣等，不宜喂家畜。换言之，酸而喜闻者为上等，酸而刺鼻者为中等，臭而难闻者为劣等。质地：品质好的青贮料在窖里压得非常紧实，拿到手里却是松散柔软，略带潮湿，不粘手，茎、叶、花仍能辨认清楚；若结成一团，发黏，分不清原有结构或过于干硬，都为劣等青贮料。

劣等青贮料不能饲喂家畜，只能用做肥料。

表1-8 动物常用饲料及营养价值（%，兆焦/千克）

饲料名称	干物质	代谢能	粗蛋白	粗脂肪	粗纤维	钙	总磷	有效磷	赖氨酸	蛋氨酸	胱氨酸
玉米	88.4	14.01	8.6	3.5	2.0	0.04	0.21	0.06	0.27	0.13	0.18
大麦	88.8	11.09	10.8	2.0	4.7	0.12	0.29	0.09	0.37	0.13	0.22
小麦	91.8	12.89	12.1	1.8	2.4	0.07	0.36	0.12	0.33	0.14	0.30
高粱	89.3	13.01	8.7	3.3	2.2	0.09	0.28	0.08	0.22	0.08	0.12
稻谷	90.3	10.67	8.3	1.5	8.5	0.07	0.28	0.08	0.31	0.10	0.12
糙大米	87.0	13.97	8.8	2.0	0.7	0.04	0.25	0.08	0.29	0.14	0.14
碎大米	88.0	14.10	8.8	2.2	1.1	0.04	0.23	0.07	0.34	0.18	0.18
谷子	91.9	10.13	9.7	2.6	7.4	0.00	0.26	0.03	0.18	0.22	0.18
小米	86.8	14.01	8.9	2.7	1.3	0.05	0.32	0.10	0.15	0.26	0.21
燕麦	90.3	11.30	11.6	5.2	8.9	0.15	0.33	0.10	0.40	0.20	0.17
大豆	88.0	14.01	37.0	16.2	5.1	0.27	0.48	0.14	2.30	0.40	0.55
黑豆	88.0	13.14	36.1	14.5	6.7	0.24	0.48	0.14	2.18	0.37	0.55
豌豆	88.0	11.42	22.6	1.5	5.9	0.13	0.39	0.12	1.61	0.10	0.46
蚕豆	88.0	10.79	24.9	1.4	7.5	0.15	0.40	0.12	1.66	0.12	0.52
豆饼	90.6	11.05	42.0	5.4	5.7	0.32	0.50	0.15	2.45	0.48	0.60
豆粕	92.4	10.29	43.5	1.1	5.4	0.32	0.62	0.19	2.45	0.51	0.65
菜籽饼	92.2	8.45	36.4	7.8	10.7	0.73	0.95	0.29	1.23	0.61	0.61
棉仁饼	92.2	8.16	33.8	6.0	15.1	0.31	0.64	0.19	1.29	0.36	0.38
棉仁粕	91.0	7.95	41.4	0.9	12.9	0.36	1.02	0.31	1.39	0.41	0.46
芝麻饼	92.0	8.95	39.2	10.3	7.2	2.24	1.19	0.36	0.93	0.81	0.50
花生仁饼	90.0	12.26	43.2	6.6	5.3	0.25	0.52	0.16	1.35	0.39	0.63
米糠饼	90.7	9.37	15.2	7.3	8.9	0.12	1.49	0.45	0.53	0.23	0.22
葵花仁饼	93.8	6.95	28.7	8.6	19.8	0.41	0.81	0.21	1.13	0.46	0.70
小麦麸	88.6	6.57	14.4	3.7	9.2	0.18	0.78	0.23	0.47	0.15	0.33
米糠	90.2	10.92	12.1	15.5	9.2	0.14	1.04	0.31	0.56	0.25	0.20
甘薯粉	89.0	11.80	3.8	1.3	2.2	0.15	0.11	0.03	0.14	0.04	0.05

饲料名称	干物质	代谢能	粗蛋白	粗脂肪	粗纤维	钙	总磷	有效磷	赖氨酸	蛋氨酸	胱氨酸
进口鱼粉	89.0	12.13	64.0	9.7	—	3.91	2.90	2.90	4.35	1.65	0.56
国产鱼粉	89.5	10.25	55.1	9.3	—	4.59	2.12	2.15	3.64	1.44	0.47
肉骨粉	94.0	11.38	53.4	9.9	—	9.20	4.70	4.70	2.60	0.67	0.33
全脂蚕蛹	91.0	14.27	53.9	22.3	—	0.25	0.58	0.58	3.66	2.21	0.53
脱脂蚕蛹	89.3	11.42	64.8	3.9	—	0.19	0.75	0.75	4.85	2.92	0.66
血粉	88.9	10.29	84.7	0.4	—	0.20	0.22	0.22	7.07	0.68	1.69
饲料酵母	91.9	9.16	41.3	1.6	—	2.20	2.92	—	2.32	1.73	0.78
苜蓿草粉	89.0	3.39	20.4	3.2	19.7	1.46	0.22	—	0.83	0.14	0.16
羽毛粉	85.0	8.45	78.0	2.5	1.50	0.30	0.77	—	1.42	0.42	3.75
螺粉	93.2	4.56	3.3	—	—	—	—	—	—	—	—
骨粉	95.2	—	—	—	—	36.4	16.40	16.40	—	—	—
蛋壳粉	—	—	—	—	—	37.0	0.15	0.15	—	—	—
贝壳粉	—	—	—	—	—	33.4	0.14	0.14	—	—	—
石粉	—	—	—	—	—	35.0	—	—	—	—	—
磷酸氢钙	—	—	—	—	—	22.0	17.4	—	—	—	—
植物油	99.5	36.82	—	99.4	—	—	—	—	—	—	—
动物油	99.5	32.22	—	99.4	—	—	—	—	—	—	—

第二章　猪的营养需求和饲料配方

第一节　断奶仔猪的营养需求

仔猪在 3 周龄之前消化道发育不成熟、消化酶分泌不足，致使消化能力很有限，只能靠母乳提供生长所需的营养物质。

仔猪的胃分泌盐酸的能力较成年时差。由于缺乏盐酸，胃中的 pH 值较高，在 4 左右，抑制了胃蛋白酶的活性。成年猪胃内的正常 pH 值 2~3.5，是胃蛋白酶作用的最佳 pH 值。早期断乳则引起仔猪的消化不良，对于固体食物的蛋白质，如豆粕、鱼粉等，胃蛋白酶需要更低的 pH 值来激活，此时胃 pH 值应在 2 或 3 以下。早期断乳仔猪不仅胃酸分泌不足，在开始采食固体饲料后，还会引起胃内 pH 值的大幅度升高，可达到 5.5 以上。到 8 周龄后仔猪胃的酸度受采食的影响才会很小。大肠杆菌、沙门氏菌、葡萄球菌的生存的适宜 pH 值 6~8，在 pH≤4 时死亡。

为提高早期断乳仔猪的消化能力，采取的措施是向日粮中添加酸化剂。

在仔猪断奶后第一天它能消化的饲料不超过 57 克，多采食就不能被仔猪很好地利用。可以通过添加有机酸降低饲料酸的结合力，或改变饲料原料的配比来改变日粮的酸结合力，使仔猪料酸结合力降到 20，这样采食 100 克饲料就可以保证其消化了。

随着消化道的生长，消化酶的分泌量和活性也发生了显著的变化。仔猪出生后第 1 周，消化酶的分泌和活性适应消化母乳的需要，乳糖酶的活性最高；其次是脂肪酶（母乳中含脂肪约为干物质的 40%）；胃蛋白酶、胰蛋白酶和淀粉酶的活性较低。第 3 周、第 4 周时乳糖酶的活性降低一半，而淀粉酶和蛋白酶的活性上升，受断乳前后食物改变和消化酶合成障碍，断乳的应激可引起仔猪消化道中各种酶的活性均有不同程度的短期下降。大约持续 1 周后消化酶的活性开始回升，恢复到断乳前的水平，以后逐渐上升。

早期断乳对仔猪消化道中各种酶活性的增长有一个显著的抑制作用。断乳后的一周胰蛋白酶、糜蛋白酶和胰淀粉酶活性有一个较大幅度的下降。经过两周后大部分可恢复或超过断奶前水平，但胰脂肪酶活性变化较少。

仔猪蛋白质营养：仔猪对蛋白质的营养过程，体现在特殊的胞饮吸收过程。仔猪出生时，不具备自身免疫能力。初生仔猪可以通过母乳获得免疫球蛋白。仔猪在 3 周龄左右时免疫能力最低，抗病力差，易患疾病。

然而，这种获得免疫力的方式也给早期断乳带来一些麻烦。饲料的抗原体性蛋白也可被 3 周龄的仔猪肠道吸收，而 6 周龄仔猪则不能。也就是早期断乳，由于仔猪采食植物性饲料，其中抗原蛋白可暂时性提高腺窝细胞生长速度、绒毛萎缩导致肠道对营养物质吸收不良。即所谓的暂时性变态反应。

对仔猪生长发育影响较大的微量元素铁元素是制约仔猪成活率的重要因素之一。妊娠期仔猪从母体获得的铁较少，母乳中铁的含量也较低，每头仔猪每日从母乳中得到的铁不足 1 毫克，是仔猪生长需要的 1/10。仔猪出生后的前 3 周，铁的总需要量是 300 毫克，其中 12 毫克是仔猪体内储备，23 毫克来源于母乳，50 毫克来源于周围的环境，15 毫克通过补饲，还有 200 毫克的缺口，每头每日尚需铁 8～9 毫克。如果不及时给仔猪补铁，其体内铁贮将在 1 周内耗尽，仔猪就会患贫血症。缺铁性贫血的主要症状是精神萎靡，皮肤和可视黏膜苍白，被毛蓬乱无光泽，下痢，生长停滞。病猪逐渐消瘦衰弱，严重者死亡。给母猪补铁不能提高乳中铁的含量，但仔猪可通过舔食母猪粪便获得一部分。一般采用直接给仔猪补铁，补铁方法有口服或肌肉注射。仔猪出生后的2～3天内注射铁制剂，显著提高成活率和促进生长，由于仔猪的体重不同，补铁的效果也有差异。

铜对仔猪有特殊的促生长作用，在日粮营养物质平衡的基础上，添加100～250毫克/千克的铜，对仔猪有明显的促生长作用。铜的促生长作用与抗生素的作用相似，通过影响肠道内微生物群落而提高饲料营养物质的吸收。铜的促生长作用不仅仅是发生在肠道中，可能也存在动物体内的代谢过程中。因为，铜在体内作为几种酶的必需成分和许多酶的辅助因子而发挥生理作用。例如，铜可显著提高仔猪小肠脂肪酶和磷脂酶的活性。高铜日粮显著提高了饲料脂肪的消化率。

锌对仔猪也有特殊的促生长作用，而且比铜作用更显著。锌在动物体内代谢过程是200多种酶的组成成分或激活因子，锌离子对胰岛素分子有保护作用，对蛋白质合成、脂肪和碳水化合物的代谢、骨骼和上皮组织发育等发挥着重要的作用。有人认为锌的作用与铜相似，通过抑制肠道病原微生物的生长，从而提高消化道对饲料营养物质的吸收。关于铜和锌的作用的机制目前还不十分清楚，总之，它们促进猪生长的作用是肯定的。在仔猪日粮中添加3000毫克/千克锌（Zn），日增重提高了17%，采食量提高了14%。

采食基础日粮和只添加3000毫克/千克锌（Zn），添加250毫克/千克铜（Cu）和3000毫克/千克锌（Zn），只添加250毫克/千克铜（Cu）结果指出：铜与锌单独添加在日粮时，都能使仔猪的日增重、采食量和饲料效率得到显著的提高。但高铜＋高锌结合并没有使日增重进一步的改善，说明铜与锌没有互相作用。

仔猪早期断乳综合征主要表现为：断奶后消化道功能紊乱，出现腹泻症状，死亡率上升。仔猪正常的粪便中含60%水分，腹泻时的粪中水分含量高于80%。3～8周龄健康的仔猪每天饮水2

千克左右，从肠腔吸收入血，同时有相应水分从血液进入肠腔，保持其平衡。如果某些因素致使肠壁通透性增大，食糜的渗透压升高，肠黏膜发炎，导致体内的水流向肠腔，粪中水分含量上升，最终导致腹泻。

引起腹泻的因素很多，如前面所谈到的因素有：

（1）早期断奶使仔猪过早地采食固体饲料，胃内pH值上升，胃蛋白酶活性受到抑制，蛋白质消化率下降。

（2）受早期断乳的应激，仔猪消化道中各种消化酶活性的下降，也会使蛋白质的消化率下降，消化道内渗透压升高，体内水流向肠腔引起腹泻。

（3）日粮抗原反应，如大豆活饼粕所含的球蛋白引起仔猪的变态反应。在断奶后仔猪日粮使用豆粕引起肠道绒毛萎缩和腺窝增生，吸收不良。

（4）大肠杆菌、沙门氏菌、埃氏杆菌、冠状病毒和轮状病毒也是引起仔猪腹泻的原因之一。环境污染、断乳使仔猪抵抗力下降造成病原微生物大量繁殖。胃的pH值上升也给大肠杆菌等的繁殖提供了有利条件。

为使仔猪早期断乳获得成功，应当根据仔猪的生理特点，配合消化率高的饲粮。针对仔猪胃内pH值较高，可在仔猪料中加入酸化剂。应用较多的有机酸有富马酸、乳酸、枸橼酸和甲酸。在仔猪的日粮中加入1%～3%的有机酸，使胃蛋白酶的活性提高，改善饲料蛋白质的消化，并且抑制了病原微生物的繁殖，是控制仔猪下痢有效措施之一。

最先了解引起仔猪下痢的原因是病原微生物，所以在仔猪日粮中加入抗生素防止大肠杆菌等病原微生物的感染，已成常规工作。抗生素种类很多，在一个猪场不应长时间地添加一种抗生素，避免病原微生物产生抗药性，造成防治失败。

由于断奶乳猪消化系统发育和功能不健全，有些酶分泌量不足，可以在饲料中添加复合酶制剂。但要注意其活性、温度、酸碱度等不适宜容易失活。饲料添加益生菌，可能通过占位或抑制有毒菌的生长，减少断奶乳猪的腹泻。

在仔猪日粮中减少豆粕的用量，可用部分蒸汽挤压全脂大豆活豆粕取代。经过膨化的大豆或豆粕可降低大豆蛋白质的抗原性，减轻仔猪肠道的变态反应，提高肠道消化吸收饲料蛋白质的能力。

通过采取以上措施，加强管理，严格防疫，控制环境，科学配制早期断乳仔猪料，会减少仔猪早期断乳综合征的发生。

第二节　育肥猪的营养需求

我国猪的品种多为脂用型或肉脂型，肌肉生长较慢。生长时间较长，传统的养猪方式采用"吊架子肥育法"，采取"两头精中间粗"的饲养方式。在小猪阶段喂给较多精料，中猪阶段以青粗饲料为主，搭配少量精料，大猪阶段在屠宰前2～3个月加喂含高能量的精料，减少青饲料喂量，进行短期催肥。这种饲喂方式适应于农村家庭养猪，利用一些泔水、野菜和米糠、麦麸等饲料。与现代养猪相比，生长速度慢，仔猪从断乳到25千克或30千克饲养时间为2～3个月，平均日增重才200～250克；生长猪阶段从25千克或30千克到50千克饲养时间要4～5个月，日增重仅150～210克；肥育阶段还需要两个月的时间，饲养期长达8～10个月，而出栏体重仅达到80千克。这种饲养方式在生长阶段能量和蛋白质供给不足，限制了肌肉生长。肥育阶段给予高能量日粮，结果脂肪沉积增加。商品猪瘦肉率低，脂肪过多，不能满足当前消费者的要求。另外，吊架子肥育法饲养期长、日粮能量含量较低，不利于饲料的利用。例如：体重50千克的猪，F1增重740克，每天总消化能需要量为25.3兆焦。每天维持需要9.6兆焦（相当0.70千克玉米），维持占总需要的38%，用于生产的消化能为62%。吊架子肥育法生长期的饲料消化能含量较低，每天采食 2 千克饲料进食的消化能也只有 18 兆焦维持的能量需要不变，但所占的比例提高到 53%，这时消化能用于生产的比例只有 47% 了。造成饲料中能量用于维持的比例较大，而用于生长的比例较小。饲养水平低，肥育期长，很多饲料消耗于维持生命上，浪费很大，经济效益低。

现代养猪的规模化发展使得猪的出栏时间缩短到 4~5 个月，商品猪生长发育整齐，平均日增重达到 550 克，传统的吊架子肥育法已不适合现代化的养猪业。在工厂化的养猪过程中，饲养的各个阶段都应充分供应营养物质，使猪能够充分发挥它的遗传潜力，相应而生的饲养方法就是直线饲养方式。直线饲养方式是根据肉猪的生长需要给予相应的营养物质，精料的分配方法是随着猪体重的增加而增加。这种方式能缩短肥育期，减少维持消化能，节省饲料，适应现代化的大规模养猪场应用。按照猪生长的各个阶段对各种营养物质的需要，配合全价日粮。仔猪日粮含有 13.5 兆焦/千克的消化能，18% 的粗蛋白质，0.95% 的赖氨酸和 4% 以下的粗纤维；生长猪日粮含 14.0 兆焦/千克的消化能，15% 的粗蛋白质，0.75% 的赖氨酸和 8% 左右的粗纤维。

对饲料原料的加工有利于猪对饲料的利用，谷物类饲料适当粉碎是必要的。例如，粉碎或压片，不仅可以减少咀嚼，而且能够提高饲料的消化率。但玉米等谷实粉碎过细也有不利的一面，对食管和胃黏膜有损害，胃黏膜糜烂和溃疡等。一般以颗粒直径 1.2~1.8 毫米的中等粉碎程度为好。猪吃起来爽口，采食量大，增重快，饲料利用率高。

较老的饲养方式大多将饲料煮熟后饲喂，玉米、高粱、大麦、小麦等饲料及其加工副产物糠麸类，老的观念认为煮熟的饲料可以提高饲料的消化率。然而，事实正好相反，煮熟会破坏维生素，降低氨基酸的有效率。有试验结果证明：饲料由于煮熟过程营养物质的破坏，使其利用率比生喂降低 10%。因此，谷物饲料及其加工副产物应当生喂，不要煮成熟粥。但对豆科植物性饲料而言，必须煮熟或经过其他的加热方式。因为豆科植物的籽实中含有许多抗营养物质。这些物质不仅阻碍猪消化道对饲料的消化，而且还能够引起一些消化道的疾病，造成生产上的损失。

全价配合饲料可以以干粉料状直接装入饲槽喂猪，只要保证充足饮水，可以达到良好的效果。条件较差的猪舍饲喂干粉料，猪容易将料抛到饲槽外面造成浪费。为避免饲料的损失，也可将干粉掺水，调成半干粉料或湿粉料，有利于采食，缩短饲喂时间，不影响饲养效果和减少费工费事性。但不要在饲料中掺水过多。当料与水的比例超过 1∶2.5 时，就会减少各种消化液的分泌，冲淡消化液，降低各种消化酶的活性，影响饲料的消化吸收。因而降低增重和饲料利用率。

目前，我国大多数饲料厂生产的猪全价配合饲料多为粉状料，但有向颗粒料转化的趋势。因为多数试验结果表明，喂颗粒优于干粉料，猪的日增重和饲料利用率均能提高 8%～10%，饲料对猪的损害也减少。喂仔猪效果较好，乳猪或仔猪料多为颗粒料。现在有的饲料厂也将生长猪料压成颗粒，但对比其再大的猪，颗粒的加工成本已超过喂颗粒料的好处。压制颗粒对容积大的、纤维多的饲料益处较大。例如，以大麦为主的饲粮制成颗粒，可加快增重速度 14%，而以玉米为主的饲粮则仅提高约 4%。颗粒料中谷实的粉碎程度要比干粉料细一些。颗粒直径，视猪生长阶段为 7～16 毫米，改进机械工艺、降低加工成本，将增加消费量。在饲养过程中饲养者必须权衡从颗粒饲料得到的好处和投入的费用。但也有一些试验表明，喂湿粉料的效果并不比颗粒料差。颗粒料的成本高于粉状料。

在较大规模的猪场一般都采用限量饲喂的制度，根据不同阶段猪的采食能力，每天限制饲料的给量，大约是需要饲料量的80%，仔猪每日分 3～4 次喂给，生长猪每天分两次喂给。限量饲喂的好处是饲料利用效率高、猪的胴体品质好。也有的猪场采用不限量饲喂或自由采食的饲喂制度，每顿吃到稍有剩余为止。

优点是增重快，但饲料利用率差些，胴体过肥。

肥育猪是指体重在 60～90 千克的猪。此阶段的猪因其成长强度大、代谢旺盛，需要营养丰富而平衡的饲料。体重在 60 千克以下的猪，以长瘦肉为主，对蛋白质的需求量大，而在肥育后期（体重 60～90 千克），脂肪生长加强，对蛋白质的需求量下降，但为了获得高的瘦肉率，一般不提高能量水平。60～90 千克的猪由于消化道等各方面发育成熟，对食物的消化能力增强，可饲喂一些青粗饲料，不仅可以降低成本，同时饲料中含有一定纤维也有利于获得高的瘦肉率。在生长发育的前期敞开饲喂，20～35 千克体重时，一般按体重 5％投料，应尽量满足其营养需要；35～60 千克时，按体重的 4％～4.5％投料，肥育后期，60～90 千克体重时，按体重的 3％～4％投料。一般从体重 60 千克起实行限制饲料，可比自由采食的猪提高瘦肉率 3.38％。

第三节　母猪的营养需求

是否按照适合的营养水平饲喂母猪严重影响母猪的产仔率和成活率，本文按照母猪的不同生理阶段介绍其营养需求。

一、配种期母猪

80～90 千克的后备母猪每天的日采食量不超过 2 千克配合饲料，后备母猪的日粮应含消化能 3.1 兆卡/千克，粗蛋白 15％，赖氨酸 0.7％，钙 0.82％和磷 0.73％，而且要保证微量元素和维生素的充足供应。

二、妊娠期母猪

怀孕母猪的营养特点是控制适宜的营养水平。我国饲养标准规定，妊娠前期（怀孕后前 80 天）的母猪体重为 90～120 千克时，日采食配合饲料量为 1.7 千克，体重 120～150 千克，日采食为 1.9 千克，150 千克体重以上为 2 千克。妊娠后期（产前一个月）体重在 90～120 千克、120～150 千克、150 千克以上，日采食量分别为 2.2 千克、2.4 千克、2.5 千克配合饲料。日粮营养水平为粗蛋白 12%～13%，消化能为 2.8～3.0 兆卡/千克，赖氨酸为 0.4%～0.5%，钙为 0.6%，磷为 0.5%。另外，除了喂配合饲料，为使母猪有饱感和补充维生素，最好搭配品种优良的青绿饲料或粗饲料。

对于断乳后体瘦的经产母猪，应从配种前 10 天起开始增加采食量，直至配种后恢复繁殖体况为止。对妊娠初期膘情已达 7 成的经产母猪，怀孕前期给低营养水平，后期增加采食量（按饲养标准）。对于青年母猪，由于本身发育和胎儿的需要，在整个妊娠期内，应采取逐步提高营养水平的饲养方式。不论哪一类型的母猪，妊娠后期（90 天至产前 3 天）都需要短期优饲，方法是每天每头增喂 1 千克的配合饲料。

三、分娩母猪营养需求

临产前 5～7 天应按日粮的 10%～20% 减少精料，并在日粮中增加小麦麸，可增至原饲料的一半，可防止便秘。分娩前 10～12 小时最好不再喂料，但应满足饮水，冷天水要加温。分娩当日可喂 0.9～1.4 千克日粮，然后逐渐加量，5～7 天后达到哺乳母猪的饲养标准和喂量。母猪分娩前 7～10 天内最好喂一定剂量抗生素，可防仔猪和母猪出现各种疾病。

四、哺乳母猪营养需求

哺乳母猪的配合饲料中粗蛋白应为 14%～15%、消化能 2.9～3.1 兆卡/千克、食盐 0.4%～0.5%、赖氨酸 0.5%～0.6%、钙 0.65%、磷 0.5%，注意充足供应微量元素和多维素。泌乳母猪饲养要点要掌握日喂量和次数。产后不要喂太多，经 3～5 天逐渐增加日喂量，7 天后转为正常。产后 10～20 天日喂量应达到 4.5～5 千克配合饲料，20～30 天达到 5.5～6 千克，30～35 天逐渐降至 5 千克左右。以日喂 4 次为好，时间为每天 6 时、10 时、14 时和 22 时为宜。泌乳母猪最好喂生湿料，料、水比为 1：（0.5～0.7）。

第四节 猪的饲料配方

典型饲料配方是由科研机构或畜牧生产厂家试验应用而筛选出的有代表性的配方，原料品种和配合比例较为合理。在一定条件下，饲喂效果好，可获得比较满意的经济效益。所以，在进行配方时可借鉴典型配方，根据我们所用原料计算出所含营养成分，然后进行调整。现在我们找出与所选用原料相近的典型配方。

表 2-1　典型饲料配方

原料	配比（%）	营养水平	
玉米	65.0	消化能（兆焦/千克）	12.81
麸皮	18.75	粗蛋白质（%）	14.70
豆粕	5.0	粗纤维（%）	3.88
棉粕	6.0	钙（%）	0.60
鱼粉	2.0	磷（%）	0.58
石粉	0.90	赖氨酸（%）	0.64
磷酸氢钙	1.0	蛋＋胱氨酸（%）	0.44
赖氨酸盐酸盐	0.05		
食盐	0.30		
添加剂	1.0		

一、乳猪、仔猪饲料配方

表 2-2　乳猪料配方（3 周龄前，体重为 3～5 千克）

配方编号	1	2	3	4	5
玉米	44	34.5	28	31.25	20
豆粕	23	22.25	27.25	25	23.75

配方编号	1	2	3	4	5
进口鱼粉	5	5	5	5	5
乳清粉	5	10	20	20	20
脱脂奶粉	10	20	10	10	20
植物油		1.0	2.5	1.5	2.0
葡萄糖	10	5	5	5	7
磷酸氢钙	1.1	0.5	0.5	0.5	0.2
石粉	0.65	0.5	0.5	0.5	0.8
食盐	0.25	0.25	0.25	0.25	0.25
预混料	1.0	1.0	1.0	1.0	1.0
合计	100	100	100	100	100
消化能（兆焦/千克）	13.2	13.1	13.0	13.0	13.5
粗蛋白（CP，%）	22.0	24.2	24.5	24.4	24.0
赖氨酸（%）	1.24	1.55	1.55	1.40	1.40
含硫氨基酸（%）	0.70	0.78	0.80	0.79	0.78
苏氨酸（%）	0.70	0.75	0.74	0.72	0.72
色氨酸（%）	0.24	0.30	0.30	0.28	0.28
钙（%）	1.00	1.00	0.86	0.87	1.00
磷（%）	0.65	0.65	0.62	0.62	0.65
钠（%）	0.15	0.15	0.15	0.15	0.15

　　配方 1～5 适用于 3 周龄前的乳猪。这一阶段乳猪的消化系统处于发育初期，各种消化酶活性较低。因此，在配方中使用了较多的葡萄糖、乳清粉和脱脂奶粉。乳清粉和脱脂奶粉含有较高的乳糖，乳清粉含乳糖 67%～71%，脱脂奶粉含乳糖 35%～38%，适应于乳猪的消化特点。3 周龄前乳猪主要哺乳母乳，日采食量

较低，每天 20～50 克，日增重在平均 240 克左右。

表 2—3　乳猪料配方

配方编号	6	7	8	9	10
玉米	70	58	59.5	56.4	58.4
豆粕	17.4	29.4	20.9	24	24
进口鱼粉	4	4	4	4	4
乳清粉	5	5			5
脱脂奶粉				4	4
植物油			2	2	5
蔗糖			4	4	
磷酸氢钙	1.5	1.5	1.5	1.5	1.5
石粉	0.8	0.8	0.8	0.8	0.8
食盐	0.3	0.3	0.3	0.3	0.3
预混料	1.0	1.0	1.0	1.0	1.0
柠檬酸			2.0	2.0	
合计	100	100	100	100	100
消化能（兆焦/千克）	14.5	14.0	14.0	14.27	15.5
粗蛋白（CP，%）	18.5	20.5	18.7	19.7	19.22
赖氨酸（%）	1.10	1.20	1.15	1.20	1.20
含硫氨基酸（%）	0.70	0.79	0.75	0.78	0.78
苏氨酸（%）	0.68	0.78	0.54	0.75	0.75
色氨酸（%）	0.21	0.26	0.23	0.24	0.25
钙（%）	1.00	1.00	0.86	0.87	1.00
磷（%）	0.65	0.65	0.62	0.62	0.65
钠（%）	0.15	0.15	0.15	0.15	0.15

配方6～10适用于5周龄的乳猪。这一阶段乳猪的消化系统有了很大的发育，如在3或4周龄断乳，这时淀粉酶、脂肪酶、麦芽糖酶、胃和胰蛋白酶的活性都有了较大的提高。但是最好在预混料中添加一些蛋白酶、纤维酶或复合酶等助消化酶类。因此，在配方中减少了乳清粉和脱脂奶粉的用量，增加了玉米的用量。为了降低饲料成本，日粮中可以少量加一些花生粕、豌豆蛋白、玉米蛋白和棉子粕等非常规蛋白质饲料。花生饼粕对猪的适口性较好，但赖氨酸和能量含量较低，生花生饼粕也含有胰蛋白酶抑制因子，花生饼粕易感染真菌而产生黄曲霉毒素，中毒的事例常有发生，在使用时要注意这些问题。5周龄乳猪断乳，以采食饲料为主，每天采食200克，日增重在300克左右。

表2-4　仔猪料配方（5周龄后，体重10～20千克）

配方编号	11	12	13	14	15
玉米	70.0	77.0	66.0	57.0	56.0
豆粕	22.0	16.0	25.0	29.0	28.0
小麦麸			3.0		5.0
进口鱼粉	5.15	4.15	3.15	4.0	3.0
次粉				5.15	4.95
猪油				2.0	
磷酸氢钙	1.0	1.0	1.0	1.0	1.2
石粉	0.55	0.55	0.55	0.55	0.55
食盐	0.3	0.3	0.3	0.3	0.3
预混料	1.0	1.0	1.0	1.0	1.0
合计	100	100	100	100	100
消化能（兆焦/千克）	14.2	14.2	13.8	14.19	13.7
粗蛋白（CP，%）	18.3	16.4	18.0	20.33	20.0

配方编号	11	12	13	14	15
赖氨酸（%）	1.00	1.00	0.86	1.20	1.00
含硫氨基酸（%）	0.65	0.65	0.52	0.60	1.55
苏氨酸（%）	0.71	0.64	0.54	0.62	0.58
色氨酸（%）	0.21	0.20	0.19	0.20	0.18
钙（%）	0.72	0.70	0.70	0.80	0.80
磷（%）	0.61	0.56	0.55	0.62	0.50
钠（%）	0.15	0.15	0.15	0.15	0.15

配方11～15适用于体重10～20千克乳猪。这一阶段乳猪生长发育最快，采食量平均达到850克，平均日增重可达400克左右。消化系统接近成熟，在配方中以豆粕为蛋白质的主要来源。豆粕或饼作为蛋白质来源时，要注意豆饼粕的生熟度。因为豆科植物中含有胰蛋白酶抑制因子等抗营养因子，阻碍猪肠道胰蛋白酶对蛋白质的消化，易引起腹泻，使猪的生长缓慢。长期食用生豆饼粕易造成仔猪死亡。配方中玉米为主要能量来源。日粮中不再添加乳清粉或脱脂奶粉，这样可降低饲料成本。

表 2—5　仔猪料配方（年龄在 5～12 周）

配方编号	16	17	18	19	20
玉米	39.7	50.0	30.0	48.0	46.0
豆粕	23.0	26.0	25.0	25.0	26.0
大麦	26.0	14.8	40.0	13.8	17.5
小麦麸		5.0		5.0	5.0
鱼粉	5.0			3.0	
植物油	3.0	1.0	2.0	1.0	1.0
磷酸氢钙	1.5	1.2	1.0	0.8	1.0

配方编号	16	17	18	19	20
石粉	0.5	0.6	0.6	1.0	1.1
食盐	0.3	0.4	0.4	0.4	0.4
预混料	1.0	1.0	1.0	1.0	1.0
合计	100	100	100	100	100
消化能（兆焦/千克）	14.7	13.8	14.2	13.6	13.4
粗蛋白（CP，1%）	20.0	18.6	20.4	18.1	19.3
赖氨酸（%）	1.21	0.95	1.13	0.97	1.02
含硫氨基酸（%）	0.70	0.61	0.68	0.63	0.65
苏氨酸（%）	0.68	0.60	0.65	0.62	0.63
色氨酸（%）	0.22	0.18	0.21	0.20	0.21
钙（%）	0.98	0.80	0.95	0.84	0.81
磷（%）	0.70	0.59	0.72	0.60	0.62
钠（%）	0.21	0.19	0.22	0.17	0.19

表2-6　仔猪料配方（5周龄后，10~20千克）

配方编号	21	22	23	24	25
玉米	51.0	51.0	24.0	50.0	40.0
豆粕	22.7	20.0	32.0	19.5	20
高粱粉	10.0	10.0	30.0		15.0
棉籽粕				5.0	5.0
菜籽粕				5.0	
小麦麸		3.0	5.0	11.5	12.3
进口鱼粉	10.0	10.0	6.0	5.0	5.0
酵母粉	4.0	3.0			

配方编号	21	22	23	24	25
牛羊油				1.0	
骨粉	0.3	1.0	1.0	1.0	0.5
石粉	0.6	0.5	0.8	0.5	1.0
食盐	0.4	0.5	0.2	0.5	0.2
预混料	1.0	1.0	1.0	1.0	1.0
合计	100	100	100	100	100
消化能（兆焦/千克）	13.8	13.5	12.8	13.5	13.0
粗蛋白（CP,%）	22.0	21.5	19.5	18.0	17.8
赖氨酸（%）	1.20	1.10	0.95	0.88	0.90
含硫氨基酸（%）	0.59	0.58	0.54	0.50	0.58
苏氨酸（%）	0.61	0.60	0.56	0.54	0.59
色氨酸（%）	0.20	0.19	0.18	0.18	0.19
钙（%）	0.70	0.75	0.78	0.70	0.75
磷（%）	0.60	0.66	0.55	0.52	0.55
钠（%）	0.17	0.16	0.14	0.14	0.14

配方 21～25 适应我国农村的个体养猪户。采用的原料多是农户自己生产所得，仅有少数原料需要在市场上购买。配方适应农村的实际情况。由于配方中应用了棉籽粕、菜籽粕、米糠、高粱糠和小麦麸等质量比较差的原料，可使配方成本下降，但是与前面的配方比较生产性能也将有所下降。棉、菜饼粕都含有毒素，棉籽粕含棉酚，菜籽粕含介子酸、葡萄糖硫甙，猪对这些毒素很敏感。猪对棉酚的耐受量是 100 毫克/千克，超过此量抑制生长，严重时可中毒死亡。菜籽粕的适口性很差，具有苦味。含量过高不仅影响采食，而且可降低猪的生长率30%，也会引起甲状腺、肾和肝肿大。肉猪应限制在 5% 以下，母猪限制在 3% 以下。一般在乳猪、仔猪饲料中不提倡使用棉籽粕、菜籽粕。

二、生长猪饲料配方

表 2-7　生长猪饲料配方（30～60 千克）

配方编号	1	2	3	4	5
玉米	620	550	615	621	632
小麦麸	120	250	116	90	113
豆粕	95	58	183	139	131
酵母	71	0	0	0	0
棉籽粕	54	80	0	53	30
菜籽粕	0	0	51	48	50
国产鱼粉	0	35	0	20	10
进口鱼粉	10	0	0	0	5
石粉	14.4	11.0	15.57	13.76	13.0
复合添加剂	10	10	10	10	10
食盐	3.2	2.8	2.57	1.29	1.3
骨粉	1.5	1.6	5.7	2.55	3.6
赖氨酸	0.9	1.6	1.16	1.4	1.1
合计	1000	1000	1000	1000	1000
消化能（兆焦/千克）	13.40	13.0	13.40	13.40	13.40
粗蛋白质（%）	16.50	16.14	16.50	16.50	16.00
总钙（%）	0.75	0.65	0.75	0.75	0.75
总磷（%）	0.55	0.57	0.55	0.55	0.55
钠（%）	0.17	0.17	0.12	0.12	0.12
蛋氨酸（%）	0.28	0.28	0.29	0.29	0.27
蛋＋胱氨酸（%）	0.56	0.56	0.58	0.58	0.56
赖氨酸（%）	0.82	0.82	0.90	0.90	0.83
苏氨酸（%）	0.60	0.59	0.64	0.64	0.62
色氨酸（%）	0.19	0.18	0.20	0.20	0.20

配方 1～5 是由不同的饼粕搭配进口或国产鱼粉配制而成。日粮能量含量较高，可提高饲料的转化效率，相应的蛋白质含量也较高，以适应采食量的变化。不足之处是配方成本相对较高。

表 2－8　生长猪饲料配方（30～60 千克）

配方编号	6	7	8	9	10
玉米	523	573	679	573	573
小麦麸	250	198	74	198	180
豆粕	106	116	110	90	178
棉籽粕	40	25	50	39	0
菜籽粕	40	25	40	20	0
肉粉	0	0	6.5	40	17
进口鱼粉	10	30	9	10	32
石粉	15	11	11	15	7
复合添加剂	10	10	10	10	10
食盐	3	3.2	3.5	3	2.5
磷酸氢钙	3	6.9	6	0	0
赖氨酸	0.03	1.9	1	2	0.5
合计	1000	1000	1000	1000	1000
消化能（兆焦/千克）	12.80	13.10	13.30	12.90	13.40
粗蛋白质（%）	16.10	16.43	16.20	16.80	18.00
总钙（%）	0.80	0.80	0.75	0.95	0.65
总磷（%）	0.55	0.65	0.55	0.95	0.57
钠（%）	0.18	0.18	0.17	0.18	0.17
蛋氨酸（%）	0.27	0.30	0.27	0.28	0.30
蛋＋胱氨酸（%）	0.56	0.58	0.56	0.56	0.60
赖氨酸（%）	0.75	0.95	0.78	0.85	0.90
苏氨酸（%）	0.59	0.61	0.60	0.55	0.62
色氨酸（%）	0.20	0.19	0.21	0.19	0.22

表 2-8 配方 6~10 在我国的一些地区棉籽粕、菜籽粕较多，并有肉食品加工副产品。所以，在这些地区可以用一些肉粉或肉骨粉代替部分鱼粉，效果较好，成本较低。但应用肉粉为蛋白质原料时一定注意质量问题。由于制作肉粉原料的来源差异较大，不同的下脚料所得到的肉粉成品质量也有较大差别，往往粗蛋白质的含量能差到十个百分点或更多。

菜籽粕的可利用能量的含量较低，含有硫葡萄糖甙和芥酸，适口性较差，不能作为猪的单一蛋白质饲料，必须与豆粕、花生粕等混合使用效果较好。菜籽粕的粗蛋白质含量 36%、赖氨酸含量 1.6% 左右，占蛋白质的 4.4%，与其他饼粕比较相对较低。它的精氨酸含量也较少，与棉子饼粕搭配使用可起到互补作用。猪对菜籽饼粕的毒素较敏感，中毒后可出现甲状腺、肝和肾肿大，影响猪的生长速度。生长猪日粮的一般用量在 5% 以下为好。有时为了降低饲料成本，也有加到 6%~7%。

表 2-9　生长猪饲料配方（30~60 千克）

配方编号	11	12	13	14	15
玉米	705	686	660	699	600
小麦麸	150	63	110	130	10
豆粕	82	104.3	200	140	80
次粉	0	0	0	0	160
棉籽粕	0	60	0	0	80
菜籽粕	0	30	0	0	0
酵母	0	0	0	0	40
羽毛粉	35	0	0	0	0
进口鱼粉	0	30	0	0	0
石粉	12.4	10	8.2	8.5	7.8
复合添加剂	10	10	10	10	10

配方编号	11	12	13	14	15
食盐	3.2	3	3	3	3
骨粉	1.5	3	8	8.5	8.2
赖氨酸	0.9	0.7	0.8	1	1
合计	1000	1000	1000	1000	1000
消化能（兆焦/千克）	13.0	14	13.4	13.4	13.5
粗蛋白质（%）	14.4	16.5	16	14	15.3
总钙（%）	0.65	0.71	0.75	0.75	0.74
总磷（%）	0.5	0.67	0.68	0.68	0.66
钠（%）	0.15	0.16	0.15	0.15	0.16
蛋氨酸（%）	0.25	0.26	0.26	0.24	0.22
蛋+胱氨酸（%）	0.55	0.58	0.6	0.56	0.56
赖氨酸（%）	0.8	0.78	0.8	0.7	0.72
苏氨酸（%）	0.5	0.52	0.55	0.5	0.52
色氨酸（%）	0.18	0.2	0.21	0.18	0.2

这些配方在饲养过程中都获得了较好的效果。这些配方应用了不同的粮食加工副产品，适应于我国的不同地区。在配方中经常出现酵母，它实际上是一种发酵饲料，其原料大多是一些棉籽粕、菜籽粕、玉米蛋白粉、啤酒酵母和少量的豆粕等，其质量差别很大。应用时往往由于标明的营养成分与实际含量出入较大，而容易造成饲养上的问题。

表2—10　生长猪饲料配方（30～60千克）

配方编号	16	17	18	19	20
玉米（一级）	360	540	560	600	560
大麦	350	0	150	0	0

配方编号	16	17	18	19	20
豆粕（42%）	65	220	100	227	170
菜籽饼	0	0	0	0	50
小麦麸	100	115	118	50	110
高粱	0	100	0	100	90
肉粉	0	0	59	0	0
进口鱼粉	100	0	0	0	0
石粉	10	10	0	9	8
复合添加剂	10	10	10	10	10
食盐	5	5	3	4	2
合计	1000	1000	1000	1000	1000
消化能（兆焦/千克）	12.6	13.3	13.6	13.2	13.18
粗蛋白质（%）	16.28	16.8	16.2	16	15.8
总钙（%）	0.77	0.69	0.73	0.55	0.54
总磷（%）	0.45	0.45	0.68	0.4	0.43
钠（%）	0.16	0.16	0.14	0.15	0.14
蛋氨酸（%）	0.24	0.22	0.22	0.24	0.24
蛋＋胱氨酸（%）	0.65	0.45	0.5	0.59	0.6
赖氨酸（%）	0.8	0.81	0.68	0.78	0.71
苏氨酸（%）	0.63	0.6	0.54	0.56	0.55
色氨酸（%）	0.21	0.2	0.16	0.18	0.17

　　配方中的高粱蛋白质含量稍高于玉米，为11%左右，氨基酸含量与玉米相似，缺少赖氨酸、蛋氨酸和色氨酸，能量含量和玉米相似，是一种较好的能量饲料。但是单宁过高而影响适口性，高粱单独饲喂，动物采食量下降，所以在日粮中用量有限。

三、育肥猪饲料配方

表 2-11　瘦肉型猪肥育饲料配方（60～90 千克）

配方编号	1	2	3	4	5
玉米	81.2	64.0	75.24	86	
高粱		9.0			
麦麸		12.0			
豆粕		9.0			
鱼粉		3.0			
小麦					85
豆粕（CP，44%）	15.73			10.7	12
全脂熟大豆			21.73		
石粉	0.86	0.82	0.88	0.86	1.06
磷酸氢钙	0.91	0.88	0.85	1	0.58
盐	0.3	0.3	0.3	0.3	0.3
赖氨酸盐酸盐				0.14	
复合添加剂	1	1	1	1	1
合计	100	100	100	100	100
消化能（兆焦/千克）	12.99		13.5	13.2	12.65
粗蛋白质（%）	13.8		14.5	12.4	16.1
赖氨酸（%）	0.65		0.69	0.6	0.65
蛋＋胱氨酸（%）	0.56		0.53	0.5	
钙（%）	0.6		0.6	0.6	0.6
磷（%）	0.5		0.5	0.5	0.5
粗纤维（%）	2.8		2.66	2.55	5

配方 1～4 是玉米—豆粕型无鱼粉日粮配方。配方 1，是以玉米、豆粕为主要原料配制而成，配方原料少，配制方便，同时，

玉米、豆粕是配方中最常见的原料，质量可靠，此方适合于盛产玉米、豆粕的东北和华北的广大地区；配方 2，是以部分高粱替代玉米作为能量饲料，高粱营养价值与玉米类似，科学地饲喂，可获得与玉米一样的饲养效果；配方 3，是用全脂大豆替代部分豆粕作为蛋白饲料，全脂大豆经过加热或膨化后可完全替代豆粕；配方4，是玉米—豆粕型日粮，以玉米、豆粕为主要原料，通过添加合成的赖氨酸降低日粮中豆粕的用量，可达到降低饲料成本的目的；配方5，用小麦完全替代玉米作为能量饲料，小麦中虽纤维含量高，但是肥育猪可允许稍高水平的纤维含量（8％），同时小麦作为能量饲料，猪的酮体质量比全喂玉米的猪胴体硬。

表 2－12　瘦肉型猪肥育饲料配方（60～90 千克）

配方编号	6	7	8	9	10
玉米	81.2	75.24	86.14	50	55.24
高粱				31.2	20
豆粕（44％）	15.73		10.7	15.73	
全脂熟大豆		21.73			21.73
石粉	0.86	0.88	0.86	0.86	0.88
磷酸氢钙	0.91	0.85	1	0.91	0.85
盐	0.3	0.3	0.3	0.3	0.3
复合添加剂	1	1	1	1	1
合计	100	100	100	100	100
消化能（兆焦/千克）	12.3	12.5	12.3	12.6	12.7
粗蛋白质（％）	14	14.5	12.4	14	14.5
赖氨酸（％）	0.65	0.67	0.63	0.65	0.67
钙（％）	0.6	0.6	0.6	0.6	0.6
磷（％）	0.5	0.5	0.5	0.5	0.5

　　配方6～8是以高粱为主的无鱼粉日粮配方，美国科学家证明如

果能正确地配料和饲喂，高粱是一种极好的猪饲料。因高粱为各种猪所喜爱，在猪胴体性能、增重速度方面与玉米无大差异。所以，可用高粱（低单宁高粱）代替玉米进行饲料配制，配制时应注意以下五点：

（1）在用高粱替代玉米时，全价料中所用优质蛋白饲料（豆粕、鱼粉）的量应相同，虽然高粱蛋白含量一般比玉米高，但高粱中的赖氨酸含量比玉米低，为加大配方的准确性，饲料的配制应以氨基酸为基础。如以蛋白质为基础，高粱按与玉米相同的粗蛋白含量等量替代。

（2）当高粱采用9％蛋白进行配料时，如高粱的蛋白含量在7.5％～13.0％范围内变化，对猪的生产性能基本上无大的影响。高粱应用9％的粗蛋白时，它能提供猪实现最佳生产性能所需的赖氨酸和其他必需氨基酸。

（3）高粱在进行配方前必须进行加工，以获得好的饲养效果。如精细研磨（粒度为700～900微米）能提高蛋白质和能量利用率。其他新的加工方法（如蒸气压片、微波化、挤压膨化和还原法）都可得到一定好处，但要计算一下这样处理是否能节约成本。

（4）单宁含量影响饲养价值。单宁含量高的高粱与单宁含量低的高粱相比，它的能量、蛋白和氨基酸的消化率都在下降，猪的饲料报酬也下降。所以，低单宁含量的高粱可以大比例替代玉米，而高单宁含量的高粱应控制在一定范围之内。

（5）用高粱配方时，因高粱的总蛋白质量低，几种氨基酸欠缺。赖氨酸、苏氨酸、色氨酸、蛋＋胱氨酸是猪的高粱料中限制性最大的氨基酸。配料时，注意与其他料搭配，补齐这些氨基酸。如果采用良好维生素和微量矿物质预混料，用高粱替代玉米配制高粱—豆粕型日粮是成功的。

表 2-13　瘦肉型猪的饲料配方

配方编号	11	12	13	14
体重阶段	56~80 千克	50~80 千克	80 千克 （上市）	80 千克 （上市）
玉米	76.4	79.2	81.4	82.7
豆粕	20.4	18	16	14.8
石粉	1.2	1.1	1.1	1.0
磷酸氢钙	1.3	1.1	0.9	0.9
盐	0.3	0.3	0.3	0.3
微量矿物质	0.15	0.1	0.1	0.1
维生素预混料	0.1	0.1	0.1	0.1
L-赖氨酸盐酸盐	0.15	0.1	0.1	0.1
总计	100	100	100	100
消化能（兆焦/千克）	12.31	12.44	12.53	12.58
粗蛋白质（%）	15.26	14.44	13.78	13.4
赖氨酸（%）	0.66	0.6	0.55	0.52
蛋＋胱氨酸（%）	0.52	0.49	0.47	0.45
色氨酸（%）	0.153	0.14	0.14	0.13
钙（%）	0.86	0.79	0.72	0.72
磷（%）	0.63	0.58	0.58	0.54
赖氨酸（克/千克）	6.6	0.6	5.5	5.2

表 2-14　育肥猪日粮配方（60~90 千克）

配方编号	15	16	17	18	19	20
玉米	66.2	66.8	69.2	68.4	68.4	69.3
豆粕	15.5	13.4	10	10.4	10.4	7.9

配方编号	15	16	17	18	19	20
棉籽粕			5		3	5
菜籽粕				5	3	3
麦麸	15.5	16.5	13.1	13.5	12.1	12.05
骨粉	0.5	0.5	0.5	0.5	0.5	
石粉	1	1	0.8	0.8	0.8	0.8
磷酸氢钙						0.5
食盐	0.3	0.3	0.3	0.3	0.3	0.3
添加剂	1	1	1	1	1	1
L-赖氨酸盐酸盐		0.05	0.1	0.1	0.05	0.15
合计	100	100	100	100	100	100
消化能（兆焦/千克）	12.85	12.81	12.84	12.87	12.87	12.82
粗蛋白质（%）	14.7	14.13	14.29	14.66	14.66	14.3
赖氨酸（%）	0.65	0.66	0.67	0.67	0.67	0.7
蛋+胱氨酸（%）	0.57	0.55	0.56	0.58	0.58	0.56
钙（%）	0.65	0.64	0.56	0.55	0.55	0.54
磷（%）	0.48	0.48	0.47	0.5	0.5	0.5
粗纤维（%）	4.03	4	4	4.06	4.06	4.07

配方 15～20 是典型的无鱼粉日粮。配方 15、16 是玉米—豆粕型日粮，主要原料为玉米、豆粕和麦麸。同时因玉米和豆粕是谷物和饼粕中最优秀的饲料，用此配方可使猪的生产性能得以保证。配方 16 降低了豆粕的用量，同时添加合成的赖氨酸，一般情况下添加合成的赖氨酸是合算的。配方 17～20 用棉籽粕、菜籽粕替代一部分豆粕。可起到降低成本的作用。因体重 60～90 千克的猪消化系统已发育成熟，日粮中添加一定量的棉籽粕和菜籽粕对其生产性能不会产生影响。

四、妊娠母猪饲料配方

表 2—15　妊娠母猪的日粮配方（1）

配方编号	1	2	3	4	5
玉米	32	40.5	32	31	39
豆饼	5	5	12.5	8	20
高粱	12	7.7	15	0	0
小麦麸	30	20	20	24	8
米糠	7	12	15	14	16
大麦	10	12.8	0	0	0
碎米	0	0	0	18	14
鱼粉	0	0	3	2	0
复合添加剂	1	1	1	1	1
骨粉	2.5	0.6	1	1.6	1.5
食盐	0.5	0.4	0.5	0.4	0.5
合计	100	100	100	100	100
消化能（兆焦/千克）	12.2	12.5	11.8	12.8	12.8
粗蛋白质（%）	11.5	13.3	14.5	14	14.8
总钙（%）	1.01	0.73	0.8	0.95	1
总磷（%）	0.76	0.56	0.6	0.76	0.8
钠（%）	0.15	0.14	0.16	0.15	0.15
蛋氨酸（%）	0.3	0.32	0.34	0.31	0.35

表 2—16　妊娠母猪的日粮配方（2）

配方编号	6	7	8	9	10
玉米	51.2	46.2	52.5	53.4	72
小麦麸	33.5	38.5	37.8	32.8	13.9

配方编号	6	7	8	9	10
豆粕	0	3.5	0	0	1.8
棉籽饼	7	0	0	0	4
菜籽饼	0	0	6	6	0
酒糟	4.5	8	0	0	0
酵母	0	0	0	4	2
石粉	1.6	1.6	1.4	1.7	1.1
鱼粉	0	0	0	0	3.1
复合添加剂	1	1	1	1	1
骨粉	1	1	1	0.8	0.85
食盐	0.2	0.2	0.3	0.3	0.25
合计	100	100	100	100	100
消化能（兆焦/千克）	12.5	12.5	12.5	12.5	13.2
粗蛋白质（%）	13	13	13	13.12	13
总钙（%）	0.85	0.85	0.85	0.87	0.75
总磷（%）	0.65	0.65	0.65	0.65	0.6
钠（%）	0.16	0.16	0.16	0.16	0.15
蛋氨酸（%）	0.25	0.25	0.25	0.25	0.25
蛋＋胱氨酸（%）	0.49	0.49	0.5	0.5	0.49
赖氨酸（%）	0.6	0.58	0.58	0.58	0.55

　　哺乳期饲粮的建议配方也是多种多样的，目前是提高母猪的产奶量以培育出苗壮的仔猪。每窝断奶仔猪数量越多、体重越大，饲料成本越低，说明配方越好。

　　可以根据哺乳母猪的采食量，搭配好每天的饲粮，在自由采食的饲养方式下，按照百分比配制日粮。

五、哺乳母猪饲料配方

表 2－17　哺乳母猪日粮配方

配方编号	1	2	3	4	5
玉米	45	35	37	58.6	60.9
大麦	0	34	0	0	0
高粱	23	0	0	0	0
小麦麸	14	12	10	25	22
米糠	0	0	25	0	0
豆饼	6	2.5	25	6	9
棉仁饼	0	8	0	0	0
菜籽饼	10	0	0	4	0
葵花饼	0	0	0	0	2
鱼粉	0.5	6	0	3.5	4
石粉	0	0	1.4	0.9	1
复合添加剂	1	1	1	1	1
骨粉	0	1.5	0	0.6	0.6
食盐	0.5	0	0.6	0.4	0.4
合计	100	100	100	100	100
消化能（兆焦/千克）	12.8	12.8	12.8	12.8	12.8
粗蛋白质（%）	17.3	15.9	17.3	14.2	14.58
总钙（%）	0.65	1.21	0.65	0.71	0.72
总磷（%）	0.45	0.83	0.45	0.58	0.57
钠（%）	0.18	0.17	0.18	0.16	0.16
蛋氨酸（%）	0.24	0.26	0.24	0.25	0.26
蛋＋胱氨酸（%）	0.44	0.45	0.44	0.46	0.45
赖氨酸（%）	0.88	0.67	0.88	0.66	0.68

六、种公猪饲料配方

表 2－18　种公猪饲料配方

表 2－18　种公猪饲料配方

配方编号	1	2	3	4	5
玉米	31.0	39.0	38.5	40.0	43
大麦					28
高粱	4.6	4.3	3.5	4.0	5
麸皮	12.0	12.0	14.5	11.5	7
鱼粉					6
豆饼	6.42	19.5	11.5	19.5	8
葵花饼	10.0	2.5	3.5	4.0	
干草粉					1.5
玉米秸青贮	16.0	5.83	7.6	6.0	
酒糟	18.0	14.5	18.7	12.8	
骨粉	0.66	0.79	0.74	0.78	1.5
贝壳粉	0.66	0.79	0.74	0.78	
食盐	0.66	0.79	0.72	0.64	0.5
合计	100	100	100	100	100
消化能（兆焦/千克）	12.01	11.84	11.88	12.05	12.68
粗蛋白质（%）	17.72	18.47	16.3	18.93	15.4
钙（%）	0.77	0.72	0.72	0.71	0.84
磷（%）	0.62	0.59	0.6	0.58	0.68
赖氨酸（%）	0.89	0.97	0.8	1.01	0.8
蛋＋胱氨酸（%）	1.21	0.91	0.99	0.95	0.65
苏氨酸（%）	0.78	0.77	0.73	0.78	
异亮氨酸（%）	1.05	0.99	0.56	1.01	

配方 1～4 是吉林省农业科学院畜牧分院给出的配方，适用于松辽黑猪。配方 5 是中国农科院畜牧所给出的配方，适用于瘦肉型种公猪。公猪也可以饲喂哺乳母猪料。

七、简单实用的猪饲料配方

表 2—19　出生 7 日龄～15 千克的乳猪饲料配方

配料（%）	玉米	豆粕	油脂	鱼粉	乳清粉	预混料
1	64	24	—	4	4	4
2	66	26	1	3		4

表 2—20　15～30 千克小猪饲料配方

配料（%）	玉米	豆粕	麦麸	鱼粉	预混料
	56	25	12	3	4

表 2—21　30～60 千克阶段中猪饲料配方（1）

配料（%）	玉米	麦糠	豆粕	鱼粉	预混料
1	64	7	23	2	4
2	64	8	24		4
3	65	10	21		4

表 2—22　30～60 千克阶段中猪饲料配方（2）

配料（千克）	玉米面	细糠	豆粕	食盐	骨粉	贝粉	麦麸	米糠	鱼粉	预混料
1	30	9	10	0.25	0.5	—	4		1.5	0.25
2	27.5	—	9	0.25	0.5	0.5	7.5	5	—	0.25
3	30	—	8.5					10	1.5	0.25

表 2—23　60 千克～出栏猪饲料配方

配料（%）	玉米	豆粕	麦麸	鱼粉	预混料
1	60	13	21	2	4
2	64	14	18	0	4

表 2—24　妊娠母猪饲料配方

配料（%）	玉米	小麦麸	大豆粕	预混料
	61	20	14	5

表 2—25　哺乳母猪饲料配方

配料（%）	玉米	小麦麸	大豆粕	鱼粉	植物油	预混料
1	63	12	18	1	1	5
2	65	10	20			5

以上这些配方，适用于养殖户自己进行配料，配方简单实用，效果比较好。

第三章　鸡的营养需求和饲料配方

第一节　能量进食量与平衡饲粮

　　鸡的营养需要和其他家畜是一样的，应包括一天中维持的需要、生长增重的需要和产蛋需要，所需的营养素包括42种。按鸡的体重、体重的增减与产蛋重来计算鸡对营养素的需要是最为合理的。但是鸡都是大群饲养的，体重也有差异，并且时常有增重和减重的变化。因此，按每只鸡的体重和它的变化来供给营养素根本是不可能的。所以鸡在多数情况下，都是用自由采食的方式，任其各自按食欲采食饲料，这是与放养于庭院，任其自由拣食虫蝇青草，回鸡舍后再采食些谷粒、糠麸类饲料的道理是一样的。只是放养受到庭院中食饵数的限制，所获得的营养素不能完全满足家禽营养的需要，现代饲养技术是要考虑到鸡所需营养素，无论是质量和数量都能够从饲粮中得到充分的满足。自由采食的饲养方式，是任鸡自己采食到足够数量的饲料。鸡是为"能"而吃的，对高能量的饲粮采食到够它能量需要时，就不再进食了，对低能量饲料，它采食就多一些，以满足它对能量的需要。在一定的范围内，鸡是能采食到相应的能量的，但是低能量饲料，含纤维多，体积也大，适口性差，受到胃容积的限制，在能量方面达不到所要求的量，对较劣的饲粮甚至在重量方面也达不到采食高能量饲料的重量。所以在能量进食方面有高低的差异，人为地限制了一个理想能量需要。由于饲粮的粗精，鸡本能地有一个摄取量。这个摄取量在一定的范围内差异是很大的。

由于鸡在采食能量方面有自行调节进食量的本能，所以饲粮中能量与蛋白质、氨基酸能量与矿物质、微量元素、维生素的比例关系是十分重要的。任何其他的营养元素的代谢都需要相应的能量。能量不足时蛋白质就脱氨供做能量用，能量过多就在体内蓄积脂肪，对生产不利。

能量进食量还受到环境温度的影响，如以 22℃ 为标准，每升高 1℃，每千克体重能量需要减少 5.56 千焦代谢能。每降低 1℃，需要增加 5.56 千焦代谢能。

鸡的体重不同，需要的能量也不同。例如 1.5 千克的鸡在 20℃ 时，平均日产蛋 42 克需采食能量 1121 千焦代谢能，而体重为 1.8 千克的母鸡则需要 1221.7 千焦代谢能，平均每增加 100 克体重多需求代谢能 33.472 千焦。这也说明轻型的来航鸡产同样多的鸡蛋，需要的能量要少，所以目前选种是向轻型鸡方向发展。

能量进食的需要在不同的体重与温度的变化是不同的，但是蛋白质、矿物质、微量元素的需要则不随能量进食量的不同而转移。所以在气温升高时，饲粮的蛋白质与矿物质水平要相应提高，虽然采食量减少了，但每日采食到的蛋白质与矿物质没有改变，仍能满足生长与产蛋的营养需要。在气温降低时，鸡需要的能量多些，采食量也多些，则应降低饲粮蛋白质与钙、磷、食盐水平，以免采食过多造成蛋白质与钙、磷的浪费。轻体型的母鸡，由于能量需要减少，进食饲粮也少些，但是需要的蛋白质与钙、磷则不减少，所以饲粮蛋白水平与钙磷水平要适当增高。

在气温不同时，能量的需要因气温的升高而减少，维生素的需要量却因气温的增高而成倍增加，以适应高温应激的需要，温度过低时维生素同样需要增加，这是与蛋白质和矿物质不同的。

第二节　后备鸡的营养需要

一、营养需要概述

阶段饲养、一贯制饲养与限制饲养后备鸡是指雏鸡从出壳培育到开始产蛋的这一阶段，通常只有约 20 周的时间，它的营养需要前后期有明显的不同。

公鸡与母鸡体成分生长的规律是不同的，公鸡身体的水分含量基本没有改变，都在 66%～67% 之间；而后备母鸡却从 69.5% 降到 56.5%，水分少了就意味着干物质增多了。公鸡体蛋白在 13 周龄时几乎是恒定在 22% 左右，到 18 周龄略有增加，到成年后提高到 28.4%，而母鸡的体蛋白前期都在 22%～23%，在 15 周龄时略有降低，到 22 周龄时则降到 14.4%，与公鸡走了一个相反的方向，体脂肪则是在 10 周龄后开始增加，公鸡增加得少一些，从 4 周龄时体脂从 3.6% 增加到 25 周龄时的 9.5%，而母鸡则自 5.6% 增加到 22 周龄的 25.1%，母鸡沉积体脂肪的潜力远比公鸡大。灰分与钙的含量，公鸡到成年时都略有增加，而母鸡到成年时则有减少。体组织含能量都略有增加，公鸡增加很少，从 6.5 千焦/克增到 7.78 千焦/克，而母鸡增加很多，从 6.23 千焦/克增到 12.84 千焦/克，增加了 1 倍多，这是由于母鸡体组织干物质与体脂肪增加很多。

根据体组织成分的变化，公鸡的饲养可以采用一贯制，即一个固定的配方一直饲养成年。母鸡体组织的变化前期以蛋白质与矿物质占饲粮中的水平要高，这样才能满足它体分增长的需要，后期身体的干物质增高了，脂肪增加了 4 倍多，所含能量增加很多，所以要能量多一些、蛋白质低一些的饲料饲养。加上鸡的相对生长是初期快、后期慢，例如出壳母雏平均重只有 33 克，2 周龄时达到 100 克，增加了两倍，饲粮用于生长的部分比用于维持生命的部分大，饲料效率高。所以，利用这个时期雏鸡吃得多、增长快、饲料效率高的有利时机，使雏鸡 8 周龄时体重达到 550 克左右，在 12～14 周龄时鸡的体重才达到 850 克，两周采食饲料约 1000 克，增重 120 克，为其原来体重的 12%。这时采食的饲料主要用于维持生命，用于生长的部分就相对少了。生长阶段的鸡，如体重为 1 千克，每日采食 753 千焦净能，维持净能需要 502.08 千焦，生长需要 251.04 千焦，维持需要占 67%，生产只占 33%。在生长前期，生长快，体重小，用于维持的净能就少，用于增重的净能比例就大；在生长后期，体重大，需要的维持净能就多，比例大，用于增重的净能比例就小。这是鸡自由采食所需能量所显示的规律，但也有一些人为的偏移，由于后备鸡的培育目的是产蛋，不能使它过肥，过肥就要影响产蛋，不能让它性成熟过早，过早产蛋要影响终身产蛋性能。所以有必要在培育后备鸡的后期，采用限制饲养，以达到控制性成熟，不使其过肥的目的。

限制饲养有三种方法，第一种是限制采食量，使其采食量仅及自由采食量时的 80% 或 70%，产蛋鸡限制在 80%，肉用种鸡限制在 70%，因为肉用种鸡更易于贮积脂肪。第二种方法是低饲粮的蛋白质水平，NRC 的饲养标准就是按照这个原则制定的，它将 14 周龄前饲粮蛋白水平从 15% 降到 14 周龄后的 13%。使鸡采食量降低，蛋白质的供给也不足以快速生长。第三种方法是降低蛋白质的质量，使其氨基酸不够平衡，即将饲料中鱼粉及部分豆饼的成分改血粉与羽毛粉，饲粮中蛋白质虽仍达到 15%，但质量低劣不足以维持正常生长。三种方法，第一种方法是现在广泛采用的，如隔日饲养法，将两天的限额集中在一天饲喂，使强鸡、弱鸡都有充分采食机会，鸡群体重均匀。第二种方法已经在饲粮营养标准中体现了。第三种方法对蛋白质饲料的利用是一种浪费，不值得效法。所以多采用降低蛋白质水平的第二种方法。经验证明采取限制饲养的制度，即使在 20 周龄时达不到标准体重而延迟开产期，但以后一年的产蛋性能仍将会是很理想的。

二、能量、蛋白质与矿物质需要量

我国于1984年颁布了产蛋鸡的饲养标准，它包括代谢能、粗蛋白质、必需氨基酸、钙、磷、食盐、微量元素、维生素在每千克饲粮的含量或百分数。由于其中的氨基酸、矿物质元素及维生素是借用NRC标准（1977）年版换算的，因此，根据NRC标准（1984）年版修改。表3—1为我国生长后备鸡饲养标准，其氨基酸、微量元素与维生素需要量另列于表3—2。

表3—1　蛋用型后备鸡饲养标准

项目	1～6周龄	7～14周龄	15～20周龄
代谢能（0.8千焦/千克）	2.85	2.85	2.85
粗蛋白（%）	18	15	12

表3—2　氨基酸、微量元素与维生素需要量

	%	克/0.8千焦	%	克/0.8千焦	%	克/0.8千焦
蛋氨酸	0.32	1.12	0.27	0.95	0.21	0.74
蛋氨酸＋胱氨酸	0.60	2.10	0.50	1.75	0.40	1.40
赖氨酸	0.85	2.98	0.60	2.10	0.45	1.58
苏氨酸	0.68	2.39	0.57	2.00	0.37	1.30
异亮氨酸	0.60	2.10	0.50	1.75	0.40	1.40
色氨酸	0.17	0.60	0.14	0.49	0.11	0.39
钙	0.90	3.16	0.75	2.63	0.60	2.10
总磷	0.70	2.46	0.60	2.10	0.50	1.75
有效磷	0.50	1.75	0.45	1.58	0.40	1.40
食盐	0.37	1.30	0.37	1.30	0.37	1.30

表3—1中所列代谢能为0.8千焦/千克，乃根据玉米—豆饼饲粮的代谢能水平，如用适量鱼粉则可达到2.9，如加入20%糠麸则只能达到2.65。由于饲料品种繁多，饲养标准不能规定在一

个固定的代谢能水平上，可以在 2.08～2.32 千焦/千克的范围内
变动，其他营养素亦随饲粮能量的高低而按比例变动。所以在氨
基酸与矿物质上除了列出在代谢能为 2.28 千焦/千克时的百分率
外，还有一列以每兆卡含有的克数，使饲粮的能量与其他养分达
到平衡。事实上，饲养标准是每日应该供给的各种营养素的标
准，由于鸡品种多，有重型、中型、轻型，还有生长阶段不同，
需要的养分都有差别；再者，鸡的生长阶段要求的养分也不同，
表示起来十分麻烦。不如根据各生长阶段任其自由采食以取得每
日所需之能量与其他养分更为方便，因为鸡有自行调节进食量、
获得每日的能量需要的本能。我们所推荐的饲养标准实际上是饲
粮营养标准，这是用以配制平衡饲粮的标准，也是饲料厂用以指
导生产配合饲料的依据。

三、微量元素与维生素的需要量

1. 微量元素需要量　在饲粮中应该考虑添加的微量元素有：
铁、铜、锌、锰、碘和硒，它们在一般饲料中或多或少都含有。
但是由于饲料的情况复杂，或许是与其他化合物结合不易被吸收
利用，所以利用率的变异也很大。为此，根据经验，对某些元素
作部分补充。例如，铁一般只按 1/2 的量添加，其他的元素则按
需要量从预混料中补加，饲料中的含量不论多少，也不管其利用
率如何，都只作为安全量处理。钾和镁都很重要，在饲料中的含
量足够雏鸡的需要，实践中也很少出现缺乏症，所以不考虑
补加。

微量元素的需要量在三个生长阶段的浓度是递减的，但是递
减的幅度不大，所以预混料内数值以最高量来选用。添加剂实际
是按 0～6 周的需要量计算的。

2. 维生素的需要量　维生素需要添加的有 13 种，由于肠道
有合成维生素 K 的功能，只要不服用抗菌药物时，都不必考虑添
加维生素 K。胆碱不是一种必需的维生素，它的不足可以由多余
的蛋氨酸转变得到。它对脂溶性维生素有拮抗作用，所以一般预

混料中都没有考虑。脂溶性维生素在生长鸡的整个生长阶段都是一样的浓度，B 族维生素大多是初期需要量高，之后越来越少，降 $1/3 \sim 1/2$ 的量。

维生素预混料是根据 $0 \sim 6$ 周的需要量来计算的，在脂溶性维生素方面提高了 1 倍，这是因为脂溶性维生素易于被氧化破坏，在应激的情况下这类维生素需量大些。这个维生素预混料配方不能与产蛋鸡的维生素预混料共用，蛋用鸡的维生素 A 与维生素 D_3 的需要量要比生长鸡高出 1 倍以上。

四、采食量问题

生长鸡的饲粮要求能量与其他各类营养素有一个合适的比例，这是平衡饲粮的特点。但是，单有合理的营养素配比还不能获得良好的生产性能，例如，在 10 周龄时生长鸡每天要进食 53 克饲料，122.4 千焦代谢能，8 克蛋白质。若是每天只能喂给 40 克，比维持生命需要只多 5 克，那每天的增重极微少，因为维持生命就需要 35 克。这种情况多发生在按顿喂鸡的鸡场，一方面不清楚鸡的平均体重，另一方面是喂多少心中没数。这样就不能充分发挥鸡生长的潜力。因此，只有采用干粉料或颗粒料自由采食的方式才能避免。所以在饲养上，一方面应注意配合合理配比的饲粮，另一方面要注意它的采食量，才能达到合理饲养的目的。

第三节　产蛋鸡的营养需要

一、能量的需要

产蛋鸡的能量需要包括维持的需要，体重增长的需要和产蛋多少的需要。北京农业大学进行过一千多只白来航鸡的试验，记录了鸡的体重、采食量，包括采食能量、蛋白质和每种必需氨基酸的数据，经过分析，可以得下列公式：

$$(ME = 118.26W^{0.75} + 2.46E \pm 6.06W)$$

式中 ME 为每日代谢能的需要量（千焦），$494.8W^{0.75}$ 为每千克代谢体重维持需要 494.8 千焦代谢能，2.46E 为每克蛋需要 10.29 千焦代谢能，6.06W 为每克增或减重需要增减 25.36 千焦代谢能。

由上面的计算中得知每日产蛋 40 克，体重为 1.5 千克的蛋鸡每日需要代谢能 1088 千焦，维持需要 671.5 千焦，产蛋 40 克需要 411.7 千焦。如果不计算增重，用于维持的能量占 63.54%，用于产蛋的能量占 36.46%；体重 1.8 千克的鸡，用于维持的能量占 65.13%，用于产蛋的能量占 34.87%。这就是说，如果产蛋的重量相同，产蛋量也相同，体重小的鸡由于维持需要少，所以利用饲料的效率要高一些。因此，现代养鸡业中趋向于选用轻体型而产蛋性能相同的鸡。

二、蛋白质的需要

蛋白质不是一个十分确切的指标，如果氨基酸组成符合于营养需要的蛋白质，其需要量就少，否则，需要量就要高。日本有一个计算蛋白质需要量的公式可供参考。

粗蛋白质需要（克）＝（1.1×体重＋0.12×日蛋重）/0.8×0.6

此处 1.1 为 1 千克体重的代谢蛋白质，0.12 为每克蛋中蛋白质含量，分母中 0.8 为饲料蛋白质的消化率，0.6 为饲料中消化蛋白质的利用率（生物学价值）。

据此公式计算体重 1.5 千克的母鸡，日产蛋 40 克时蛋白质的需要量为：（1.1×1.5＋0.12×40）/0.8×0.6＝13.44 克。如果体重为 1.8 千克的母鸡，日产蛋 40 克时蛋白质的需要量为：（1.1×1.8＋0.12×40）/0.8×0.6＝14.13 克

根据计算，1.5 千克的鸡日产蛋需要 13.44 克蛋白质，如果按每千克含代谢能 2.28 千焦的饲粮喂鸡，大约采食 91.23 克，则应含有 13.44 克蛋白质，其计算可如下式：（13.44/91.23）×100＝14.73%

饲粮蛋白质水平应为 14.73%。目前美国 NRC 饲养标准，产

蛋鸡饲料蛋白水平为 15％，说明按日本这个公式计算，还是比较接近的，同时也说明，其蛋白质的质量也高，也就是说氨基酸应是比较平衡的。

三、蛋氨酸与胱氨酸、赖氨酸需要量

蛋白质的营养实质是氨基酸的营养，蛋鸡的饲粮中第一限制氨基酸是蛋氨酸，第二限制氨基酸是赖氨酸，胱氨酸不足要增加蛋氨酸的需要量。因为在体内只有蛋氨酸能转化为胱氨酸，所以要一同考虑。其他的氨基酸在一般常用的玉米、豆饼、棉籽饼、花生饼、菜籽饼和鱼粉配合的饲粮中只有过多而没有不足的，可以不考虑。

根据北京农业大学畜牧系试验资料的析因分析，对产蛋量与体重的变化所建立的公式，3 种氨基酸的需要量分别是：

蛋氨酸需要量（克/日）＝0.000 71E＋0.211W，胱氨酸需要量（克/日）＝0.000 339E＋0.101W，赖氨酸需要量（克/日）＝0.000 753E＋0.422W。式中 E 为日产蛋量（克），W 为母鸡体重（千克）。据以上 3 个公式计算，体重为 1.5 千克的母鸡，平均日产蛋 40 克需要的 3 种氨基酸的数量。蛋氨酸＝0.000 71×40＋0.211×1.5＝0.345 克，胱氨酸＝0.000 339×40＋0.101×1.5＝0.165 克，赖氨酸＝0.000 753×40＋0.422×1.5＝0.663 克，蛋氨酸 345 毫克、胱氨酸 165 毫克、赖氨酸 663 毫克。这个数值与 NRC 饲养标准中，1.8 千克体重母鸡、日产蛋重 39 克（60×65％产蛋率），需要蛋氨酸＋胱氨氨酸 550 毫克，赖氨酸 660 毫克相近似。

四、矿物质的需要量

产蛋鸡需要的钙比生长鸡多出 3～4 倍，因为它除维持本身的需要以外，还要形成蛋壳，蛋壳的成分主要是碳酸钙，蛋壳含钙量在 39％以上。

蛋壳重 5.18 克，平均占蛋重 9％。如按蛋壳中含钙 39％计算，一个鸡蛋的蛋壳中含钙 5.18×39％＝2.02 克，产蛋鸡对饲

粮中钙的利用率平均只有50.8%，要生产一个57.6克的鸡蛋就需要在饲粮中供给钙2.02×50.8%＝3.98克。如果全年平均产蛋率为70%，则平均每天应供给钙3.98%×70%＝2.79克。这是蛋壳中的钙，如果加上蛋黄与蛋清中含有的微量的钙和每天母鸡维持需要的钙，约需3克。假设1.5千克体重的产蛋鸡采食代谢能为2.2千焦/千克的饲粮，每天需要采食95克，则饲粮中钙的水平应为3.16%。这是最低的水平。我国现在将含2.2千焦/千克代谢能的饲粮要求钙的水平为3.3%是合理的。

随着鸡的日龄增长，蛋重是逐渐增加的，蛋壳的重量也略有增加，但跟不上蛋重的增长。所以蛋壳占鸡蛋的百分数是逐月下降的，蛋壳的厚度是越来越薄，蛋壳的质量也就越来越差。

产蛋鸡饲粮中钙的水平比生长鸡高4～5倍，比公鸡和停产的母鸡也高4倍，所以一定要将产蛋母鸡和生长鸡分开饲养。对于公母鸡在一笼共同饲养，要将饲粮中钙的水平降到1.5%以下，另外，补给粒状的石粉，任由母鸡需要时自行采食，这就避免了公鸡采食过多钙。采食粒状石粉，对母鸡蛋壳质量也有帮助。母鸡采食粒状钙后肌胃中消化较慢，可以在蛋壳形成期间源源供给钙到血液中去，补充了甲状旁腺自骨骼中动员钙补充血液中的不足。鸡蛋的矿物质元素含量综合如下：一个58克重的鸡蛋含钙2.0克，磷0.115克，硫0.114克，氯0.088克，钠0.073克，钾0.067克，镁0.027克，铁1.1毫克，铜0.067毫克，在蛋黄中含锰1～4毫克/千克。

产蛋鸡磷的需要量与生长鸡大致相同。近年对于磷的需要量没有什么改变，但是表示的形式有所不同，英国ARC仍沿用过去的"有效磷"，不论生长鸡、后备鸡，还是产蛋鸡和种鸡，都是0.5%的水平。美国NRC则改为总磷，雏鸡要求高些，达到0.7%，后备鸡限量时降到0.5%，产蛋鸡则一律为0.6%。在说明中则要求总磷的30%必须来自无机磷，以保证有效磷的供给更能得到保证。

笼养来航鸡存在一个蛋壳质量的问题，还有笼养鸡疲劳综合征的问题，这些都是属于钙磷代谢上的问题，至今未得到完全的解决。当卵进入子宫以后，蛋白内壳膜与外壳膜已经形成。当渗入足够的子宫液后，蛋壳开始缓缓沉积，以后逐渐加快，这时需要的钙是很多的。血液中的钙源源供应到子宫，如果此时食糜已消化殆尽，血钙就降低，此时甲状旁腺就要从骨骼中动员钙进入血管以形成蛋壳，在骨骼中贮存的钙是与磷有一定比例的，动员钙到血液中来，磷也随着进入血液中，蛋壳形成时需要的钙远远多于磷，所以血液中磷的浓度急剧增加，磷的浓度达到一定水平时就要限制这种动员钙的功能。所以能够沉积到子宫内的钙是有限度的，当蛋重增大时，蛋壳就会过薄而易于破损。

除钙以外，磷和钠的水平也很有关系，磷的含量增加超过最高产蛋量的需要时，蛋的相对密度就会下降。加喂碳酸钠对蛋壳的品质有好的效果。以上所说蛋壳质量从钙、磷及钠所获得的提高都与磷的代谢有关系。喂高磷饲粮的鸡血磷升高，但补加碳酸氢钠后血磷含量则明显下降。高血磷降低了从骨骼中动用钙的能力。补加了钠，降低了血磷含量，则从骨骼中动员的钙就多了。

在配合饲料时，将蛤蛎粉粒代替石粉或碳酸钙对蛋壳质量有帮助。其原因是蛤蛎粉内含有钠，可以帮助降低血磷含量。此外粒状的蛤蛎粉在消化道内被吸收的速度慢一些。即使是在夜间，消化道内还能源源有钙被吸收到血液中，从而提高了血钙的浓度，减轻了完全由骨骼中动员钙的依赖的程度。笼养鸡疲劳症是骨软症的一种表现，也属于钙与磷的问题。在按照饲养标准供给矿物质的产蛋鸡，即每日给钙 3.3～3.5 克、磷 0.6 克、0.37 克食盐，也不能完全避免发生这种现象。

NRC 和我国都没有公鸡的饲养标准，用母鸡料喂公鸡，钙的量太多，在公母鸡同栏舍饲养时应该将钙的含量降低到 1.5% 左右。另外，供给粒状蛤蛎粉或石粉，任由母鸡自由选食，可以获得满意的饲养效果。公雏比母雏生长快，蛋白要求稍高些，生长后期对能量的要求比母鸡多，相当于大鸡产蛋时的需要量，所以用母鸡料喂公鸡，当母鸡采取限量时公鸡则采食过量，于是发胖并出现脚疾而降低繁殖性能，终被淘汰。

采用公母鸡分开饲养方法，将母鸡的饲槽加一个喂食栅状罩，栅栏的距离为4.1厘米，使母鸡可以采食到饲料而公鸡则不能吃到。公鸡则用专门的料筒饲料。

五、维生素需要量

产蛋鸡的维生素需要量大致和生长鸡差不多，但脂溶性维生素需要量比生长鸡多1.5～2.5倍，B族维生素则与生长鸡需要量差不多。种用母鸡的维生素 B_2、吡哆醇和叶酸需要量都比产蛋鸡高50%，泛酸的需要量为产蛋鸡的5倍。这是由于这些维生素不但满足母鸡产蛋的需要，而且还应有足够的数量贮存于鸡蛋内，以待孵化胚胎发育的需要和育雏初期的需要。

六、我国产蛋鸡的饲粮营养标准

1984年我国制定了产蛋鸡的饲养标准，该标准的氨基酸、钙、磷、微量元素及维生素需要量都是参考美国NRC1977年版换算的，以后又根据1984出版NRC标准做了修改。前文说到体重1.5千克的蛋鸡需要每日供给260千卡代谢能，而1.8千克体重的产蛋鸡则需要282千卡代谢能，其他蛋白质、钙、磷与氨基酸都相应增加，这给养鸡工作者采用时带来困难。现在都以饲粮营养标准来表示，即每千克饲粮含有各种营养素数量或百分数，轻型鸡或中型鸡、重型鸡可以采用一种饲粮。由于每日采食数量不同，得到的各种营养素也不同，饲粮的能量是各种营养素的载体，高能量饲粮含有高水平的蛋白质、矿物质与氨基酸，从而使各种营养素之间达到平衡。我国的饲粮营养标准除列出千克含有代谢能2.2千焦和其他营养素的百分率之外，还列出了2.08～2.32千焦/千克范围每兆卡应含有各种营养素的克数。产蛋鸡采食代谢能2.08～2.32千焦/千克的饲粮可以采食到需要的能量，同时也采食到所需要的蛋白质、氨基酸和矿物质需要的量，每千克饲粮含代能在 2.08 千焦以下纤维素多，体积大，可能就采食到所需的能量了，不过按这个比例计算配饲料，也可以获得平衡的饲粮。表 3—3 为产蛋鸡饲粮营养需要量。

微量元素的需要量见表 3—4 所示。可以看出种母鸡的需要量比产蛋鸡略高一些，与生长对微量元素的需要量比较，则锰的需要量略低一些，锌的需要量高一些，配合成一个生长与种母鸡都适用的配方，给生产上带来了很大的方便。

表 3—3　产蛋鸡饲粮营养需要量

项目		产蛋鸡及种母鸡产蛋率		
		大于 80%	65%～80%	小于 65%
代谢能	4.19 千焦/千克	11.50	11.50	11.50
	4.19 千焦/千克	2.75	2.75	2.75
粗蛋白	%	16.5	15.0	14.0
蛋能比	克/兆焦	14	13	12
	克/0.8 千焦	60	54	51
钙	%	3.50	3.40	3.20
总磷	%	0.60	0.60	0.60
有效磷	%	0.33	0.32	0.30
食盐	%	0.37	0.37	0.37

项目	产蛋鸡及种母鸡产蛋率								
	大于80%			65%~80%			小于65%		
氨基酸	%	克/兆焦	克/0.8千焦	%	克/兆焦	克/0.8千焦	%	克/兆焦	克/0.8千焦
蛋氨酸	0.36	0.31	1.31	0.33	0.29	1.20	0.31	0.27	1.13
蛋+胱氨酸	0.63	0.55	2.29	0.57	0.49	2.07	0.53	0.46	1.93
赖氨酸	0.73	0.63	0.65	0.66	0.57	2.40	0.62	0.54	2.25
色氨酸	0.16	0.14	0.58	0.14	0.12	0.51	0.14	0.12	0.51
精氨酸	0.77	0.67	2.80	0.70	0.61	2.55	0.66	0.57	1.40
亮氨酸	0.83	0.72	3.02	0.76	0.66	2.76	0.70	0.61	2.55

表 3-4 微量元素的需要量

元素	产蛋鸡	种母鸡	预混料配方	产蛋鸡	种母鸡
铁	50	60	$FeSO_4 \cdot 7H_2O$	125	166
铜	3	4	$CuSO_4 \cdot 5H_2O$	12	16
锰	30	60	$MnSO_4 \cdot 5H_2O$	132	264
锌	50	65	$ZnSO_4 \cdot 7H_2O$	220	286
碘	0.3	0.3	KI	0.46	0.46
硒	0.1	0.1	Na_2SeO_3	0.22	0.22

微量元素锌可以采用氧化锌（ZnO），含锌 80%；氧化锰（MnO），含锰 77%，氯化锌（$ZnCl_2$），含锌 48%；氯化锰（$MnCl_2$），含锰 27.8%。

产蛋鸡需要维生素 A 与 K 远比生长鸡多。每千克饲粮中应含有维生素 A4000 国际单位，维生素 D3500 国际单位。

第四节　肉用仔鸡的营养需要

这里只讨论肉用仔鸡的营养需要，肉用种鸡的后备鸡培育可参照蛋用后备鸡的培育办法，但更应注意到后期限制饲养，防止过肥和早产的问题。肉用种鸡的营养需要可参考产蛋种母鸡的资料。肉用种鸡更应注意防止过肥。因为肉用种母鸡产蛋少于来航鸡，所以在产蛋高峰以后，如果产蛋量降低太多，可按经济上合算而加以淘汰。肉用种鸡产蛋高峰时产蛋率亦可达80％以上。

一、能量的需要

肉用仔鸡是一种快速生长的家禽，生长快，6 周龄时体重就可以达1.8千克以上，所以即使是饲养7 周龄也是按其需要分三阶段饲养。为了使它生长快，所以都采用能量高蛋白的饲粮，自由采食，以充分发挥它的生长强度。肉用仔鸡的饲养标准用千克2.56千焦代谢能的饲粮，这样高能量的饲粮用玉米、豆饼和鱼粉也配不出来，必须补加油脂。

公母鸡的生长速度是不同的，公鸡比母鸡约早一周上市，所以有些规模鸡场都将公母鸡分开饲养，便于管理，鸡长势一致，体重均匀，符合商品要求。

二、肉用仔鸡饲粮营养标准

1. 能量、蛋白质与矿物质的营养标准　与产蛋鸡一样，肉用仔鸡分三阶段饲养，饲粮能量的范围在 2.32～2.56 千焦，甚至更低一些也可以，主要由饲料资源的优劣所决定，肉仔鸡生长快速，高能量高蛋白饲粮生长快些，饲料效率可以提高，反之生长慢些，效率低些，一切都依条件可能由饲养成本来决定。本饲粮标准列出代谢能为 2.4 千焦/千克的营养标准，其他则以每兆卡代谢能所含克数来表示。鸡无论进食高能量或低能量饲粮都根据其能量的需要和饲粮的适口性来调节其进食量，使之尽量获得大的营养素。每千克含 2.4 千焦代谢能的饲粮在0～3周时，需要采用玉米、豆粕和少量鱼粉，3～6周或6周以上饲粮，用玉米、豆粕即可。代谢能2.4千焦/千克以上的饲粮则需要采用玉米、豆粕、鱼粉和动植物油脂才能达到。为了帮助仔鸡采食方便，肉仔鸡饲料都要尽可能制成大小适宜的颗粒，以促进采食量、减少浪费。

2. 微量元素需要量及预混料配方　肉仔鸡微量元素需要量在生长的三个阶段都是一样的，所以有一个预混料就能适用于整个生长期。

3. 维生素需要量与预混料配方　维生素需要量及多种维生素配方与生长鸡的需要量大致相同，可以参照生长鸡的维生素需要量及预混料配方。在肉鸡生产上许多人认为肉鸡生长迅速，需要加大维生素的供给，往往比推荐的需要量多30％～50％。

微量元素与多维料的总量是很少的，多维也只是100克且不容易混匀，所以要将之加入载体及稀释剂使它达到10千克，在1吨配合饲料中才均匀分配。抗生素、防霉剂、抗氧化剂、色素、香料、抗球虫药物等用量也是很微小的，一般都是预混到这10千克的预混料内，以期均匀分开。

三、肉用鸡种母鸡的饲料标准

肉用种母鸡年产蛋150～190枚，遗传特点易于肥胖、不利于产蛋，因此，在饲养上往往要采取限制饲养的措施。肉用种母鸡的饲养标准所含营养水平比产蛋母鸡低。

肉用种鸡在后备鸡培育与产蛋阶段都要采取限制饲养措施，以控制体重。所以要参考各品种的典型标准体重安排饲养规程，控制进食量，以期获得成功的饲养效果。

饲料营养标准的安全量。饲料公司在生产配合饲料时为维持信誉，必须十分重视产品的质量。用户往往在发现上蛋率下降、生长缓慢，羽毛褪色或失去光泽等情况时，首先想到的是饲料质量问题。饲料厂虽然严格执行质量控制，但是每天产80～240吨配套饲料，原料的数量很大，而原料的来源众多，品种也多，难免有采样不均，有遗漏之处。同一名称的饲料变异也很大。例如玉米含蛋白质在 7.5%～9.5% 之间，含赖氨酸在 0.2%～0.26% 之间，而玉米往往占配合饲料的 60%～70%，对饲料的营养水平影响很大。一般饲料厂没有测定赖氨酸与蛋氨酸的设备与技术力量，完全按照饲料成分表与饲粮营养需要标准来计算，即使计算得很精确也可能有氨基酸含量达不到标准的时候。如被质检部门查处后判为不合格产品，会影响公司声誉。因此，常常采用一些保险的办法，在饲料成分表中选用较低的数值，而对饲料标准则用增加 10% 的安全量来计算饲料配方，这样既保证了配合饲料的生产性能，又免遭质检部门判为劣质产品，反正费用都加在成本上，由用户负担。

家禽育种公司向畜牧业提供有竞争力的商品化产蛋鸡与肉用仔鸡，为了证明该品种的生产潜力，要求饲养在良好的环境、满足供应生长或产蛋所需的营养素。因此，给用户一个较高的饲粮营养推荐标准，蛋白质与必需氨基酸的水平超过 NRC 营养需要的 10%～20%，以保证充分发挥这些商品鸡的生产性能，而这个标准经大量用户采用，反映都是很好的。

NRC 标准是几十年来科学研究的总结，历届家禽专业委员会的专家们大量搜集全球的研究报告，加以分析取舍，使之成为今日动物营养最权威的营养标准，并不断修改补充，使之日益完善。北京农业大学曾用生长后备鸡、产蛋鸡和生长育肥猪进行过按高于 NRC 标准 10% 与低于该标准 10% 要求执行的对比试验。结果证明低于标准组生产性能明显低，虽然饲料单价较廉，但每千克产品的成本并不有利。高于标准组生产性能与 NRC 组无明显差异，饲料转换率也相差不多，但每千克产品要求的代谢能相同，要求的蛋白质要多一些。这说明超过标准的安全量只是一个保险系数，可能有部分是浪费的。

我国作为一个蛋白质资源贫乏的国家，必须合理利用宝贵的蛋白质饲料资源。因此，如果在确定饲料配方的时候多考虑一些各方面的因素，将安全量定在一个较实际的水平上，就能够更好地发挥有限的蛋白质与氨基酸的作用。

第五节　鸡饲料配方原则

一、满足营养原则

任何配方都必须根据所做配方对象的营养需要而设计，要满足设计对象对各营养素的需要量。

二、营养平衡原则尤其氨基酸平衡

有些饲料，像花生饼（粕），虽然赖氨酸和蛋氨酸的比例适合鸡的营养需要，但如果与玉米、高粱等低赖氨酸饲料搭配，则需另外选用含赖氨酸很高的饲料原料或补加赖氨酸，不然会造成赖氨酸缺乏。此外，花生饼（粕）中精氨酸含量很高，需与含量低的饲料，如菜籽饼、鱼粉或血粉进行搭配，否则会导致精氨酸含量过高，影响赖氨酸吸收。

三、安全许可原则

鸡的饲料中很多原料，如菜籽饼（粕）、棉籽饼（粕）等，含有对鸡营养不利的物质，用量不能过大。尤其雏鸡和种鸡，应尽量少用或不用。

四、易消化原则

饲料中很多物质，如麦麸和未全脱壳的葵花籽饼，含有很高的粗纤维，雏鸡很难消化，应尽量少用。

五、低成本原则

饲料成本占成本的70％，因而配制饲料时既要营养全面，又要注意降低成本。价格过高的饲料原料尽量少用。选料时要因地制宜，方便购买。

第六节 蛋鸡的饲料配方

表3—5 蛋雏鸡豆粕、菜籽粕、棉籽粕、鱼粉日粮（1）

原料	配比（%）	营养素	含量（%）
玉米	65.00	蛋白质	18.08
麸皮	—	钙	0.87
豆粕	23.50	有效磷	0.43
菜籽粕	4.0	食盐	0.37
棉籽粕	0.80	赖氨酸	0.90
国产鱼粉	3.0	蛋氨酸	0.31
石粉	—	蛋＋胱氨酸	0.62
骨粉	1.90	代谢能（千焦/千克）	12 360.5
食盐	0.30	苏氨酸	0.71
1%蛋雏鸡预混料	1.00	色氨酸	0.22
四环素渣	0.50		

表3—6 蛋雏鸡豆粕、菜籽粕、棉籽粕、鱼粉日粮（2）

原料	配比（%）	营养素	含量（%）
玉米	67.00	蛋白质	18.52
麸皮	2.80	钙	1.00
豆粕	12.10	有效磷	0.42
棉籽粕	3.30	食盐	0.39
菜籽粕	3.30	赖氨酸	0.82
血粉	2.20	蛋氨酸	0.36
国产鱼粉	2.88	蛋＋胱氨酸	0.65

原料	配比（%）	营养素	含量（%）
玉米蛋白粉	2.60	代谢能（千焦/千克）	12 452.68
蛋氨酸	0.02		
石粉	1.00		
磷酸氢钙	1.50		
食盐	0.30		
预混料	1.00		

表3—7　蛋雏鸡浓缩料——豆粕、菜籽粕、棉籽粕、鱼粉日粮

原料	配比（%）	营养素	含量（%）
玉米	—	蛋白质	36.70
麸皮	—	钙	2.42
豆粕	67.15	有效磷	1.10
菜籽粕	12.43	食盐	1.0
棉籽粕	1.34	赖氨酸	2.06
国产鱼粉	8.57	蛋氨酸	0.65
石粉	—	蛋+胱氨酸	1.10
骨粉	5.48	代谢能（千焦/千克）	9171.9
食盐	0.74	苏氨酸	1.49
1%预混料	2.86	色氨酸	0.49
四环素渣	1.43		

注：表中配比：玉米65%，浓缩料35%。

表3—8　蛋雏鸡浓缩料——豆粕、菜籽粕、棉籽粕、花生仁饼、玉米蛋白粉、血粉、鱼粉日粮

原料	配比（％）	营养素	含量（％）
玉米	—	蛋白质	39.00
麸皮	8.50	钙	2.94
豆粕	20.00	有效磷	1.15
棉籽粕	10.00	食盐	1.13
菜籽粕	10.00	赖氨酸	1.98
花生仁饼	16.60	蛋氨酸	0.82
国产鱼粉	8.40	蛋＋胱氨酸	1.33
玉米蛋白粉	8.00	代谢能（千焦／千克）	9150.96
血粉	6.70		
蛋氨酸	0.06		
石粉	3.00		
磷酸氢钙	4.50		
食盐	0.90		
1％预混料	3.34		

表3—9　蛋中大鸡豆粕、菜籽粕、棉籽粕、鱼粉日粮

原料	配比（％）	营养素	含量（％）
玉米	70.00	蛋白质	16.0
麸皮	2.41	钙	1.00
豆粕	10.23	有效磷	0.45
棉籽粕	4.0	食盐	0.37
菜籽粕	4.0	赖氨酸	0.70
石粉	—	蛋＋胱氨酸	0.54

原料	配比（％）	营养素	含量（％）
骨粉	2.10	代谢能（千焦/千克）	12 067.2
食盐	0.26	蛋氨酸	0.27
四环素渣	3.0		
国产鱼粉	3.0		
1％预混料	1.0		

表 3—10　蛋中大鸡浓缩料——豆粕、菜籽粕、棉籽粕日粮

原料	配比（％）	营养素	含量（％）
玉米	—	蛋白质	34.37
麸皮	7.00	钙	3.12
豆粕	38.50	有效磷	1.37
棉籽粕	13.27	食盐	1.26
菜籽粕	13.5	赖氨酸	1.76
石粉	0.09	蛋＋胱氨酸	1.11
骨粉	6.90	代谢能（千焦/千克）	7944.24
素食盐	0.90	蛋氨酸	0.61
四环素渣	5.00		
国产鱼粉	11.50		
1％预混料	3.34		

表 3—11　蛋高峰料——豆粕、菜籽粕、棉籽粕、鱼粉日粮

原料	配比（％）		营养素	含量（％）	
	1	2		1	2
玉米	57.00	57.00	粗蛋白	16.69	17.10
麸皮	5.00	5.50	钙	3.73	3.81

原料	配比（%）		营养素	含量（%）	
	1	2		1	2
石粉	8.00	8.90	有效磷	0.39	0.37
豆粕	17.40	15.40	食盐	0.40	0.35
棉籽粕	3.00	4.00	赖氨酸	0.81	0.77
菜籽粕	3.00	5.00	蛋氨酸	0.34	0.37
鱼粉	4.00	1.50	蛋＋胱氨酸	0.62	0.68
骨粉（块）	1.35	1.40	代谢能（千焦/千克）	11 271.1	10 977.8
食盐	0.25	0.30			
预混料	1.00	1.00			

表3—12　蛋高峰配合料——豆粕、菜籽粕、棉籽粕、鱼粉、玉米蛋白粉日粮

原料	配比（%）		营养素	含量（%）	
	1	2		1	2
玉米	62.00	62.00	蛋白质	17.30	17.30
豆粕	9.50	9.00	钙	3.80	3.83
棉籽粕	3.10	3.90	有效磷	0.37	0.38
麸皮	3.00	1.30	食盐	0.37	0.37
国产鱼粉	1.00	2.60	赖氨酸	0.74	0.76
玉米蛋白粉	3.90	4.00	蛋氨酸	0.37	0.37
食盐	0.30	0.30	蛋＋胱氨酸	0.66	0.66
高峰预混料	1.00	1.00	代谢能（千焦/千克）	11 438.7	11 522.5
血粉	2.50	2.60			
植物油	0.20	0.20			
石粉	8.90	9.00			
菜籽粕	4.00	3.10			
磷酸氢钙	1.50	1.00			

表3-13 蛋高峰浓缩料——豆粕、棉籽粕、玉米蛋白粉、鱼粉、血粉日粮

原料	配比（%）	营养素	含量（%）
麸皮	6.70	蛋白质	38.43
豆粕	18.65	钙	2.77
棉籽粕	10.00	有效磷	1.15
花生饼	16.67	食盐	1.12
芝麻饼	10.00	赖氨酸	1.75
国产鱼粉	8.4	蛋氨酸	0.87
骨粉	8.65		
玉米蛋白粉	10.00	蛋＋胱氨酸	1.43
血粉	6.67	代谢能（千焦/千克）	9741.75
蛋氨酸	0.05		
食盐	0.87		
1%蛋高峰预混料	3.34		

表3-14 蛋高峰浓缩料——豆粕、菜籽粕、棉籽粕、芝麻饼、玉米蛋白粉、鱼粉日粮

原料	配比（%）	营养	含量（%）
玉米	—	蛋白质	40.05
植物油	0.60	钙	3.09
麸皮	4.50	有效磷	1.14
豆粕	30.00	食盐	1.20
棉籽粕	13.00	赖氨酸	2.00
芝麻饼	6.60	蛋氨酸	0.96
国产鱼粉	8.50	蛋＋胱氨酸	1.54

原料	配比（%）	营养	含量（%）
玉米蛋白粉	13.1	代谢能（千焦/千克）	9511.3
血粉	5.70		
石粉	3.30		
食盐	1.00		
1%蛋高峰预混料	3.34		
磷酸氢钙	4.36		
菜籽粕	6.00		

表3—15　蛋高峰浓缩料——豆粕、棉籽粕、芝麻饼、玉米蛋白粉、鱼粉、血粉日粮（无油）

原料	配比（%）	营养素	含量（%）
麸皮	4.39	蛋白质	38.41
豆粕	13.51	钙	2.77
棉籽粕	16.67	有效磷	1.17
花生饼	20.00	食盐	1.13
芝麻饼	10.00	赖氨酸	1.78
国产鱼粉	10.00	蛋氨酸	0.90
玉米蛋白粉	6.21	蛋＋胱氨酸	1.44
血粉	6.67	代谢能（千焦/千克）	9553.2
蛋氨酸	0.10		
骨粉	8.29		
食盐	0.82		
1%蛋高峰预混料	3.34		

表3—16 蛋高峰浓缩料——豆粕、菜籽柏、棉籽粕、芝麻饼、玉米蛋白粉、鱼粉、血粉日粮（加油脂）

原料	配比（%）	营养素	含量（%）
植物油	0.80	粗蛋白	40.00
豆粕	26.67	钙	2.98
棉籽粕	3.85	有效磷	1.08
芝麻饼	8.23	食盐	1.20
国产鱼粉	3.33	赖氨酸	1.95
玉米蛋白粉	13.06	蛋氨酸	0.97
食盐	1.11	蛋＋胱氨酸	1.56
1%蛋高峰预混料	3.34	代谢能（千焦/千克）	9008.5
血粉	8.25		
麸皮	10.00		
石粉	3.17		
菜籽粕	13.33		
磷酸氢钙	4.86		

表3—17 蛋种鸡高峰料——豆粕、菜籽粕、棉籽粕、芝麻饼、血粉、鱼粉日粮

原料	配比（%）	营养素	含量（%）
玉米	68.00	蛋白质	17.50
麸皮	2.60	钙	3.60
豆粕	7.60	总磷	0.68
棉籽粕	2.40	有效磷	0.48
菜籽粕	3.00	食盐	0.35
芝麻饼	1.30	赖氨酸	0.70
国产鱼粉	3.00	蛋氨酸	0.31

原料	配比（%）	营养素	含量（%）
血粉	2.00	蛋＋胱氨酸	0.55
石粉	8.00	苏氨酸	0.58
磷酸氢钙	1.85	色氨酸	0.18
食盐	0.25	代谢能（千焦/千克）	11 522.5
预混料	1.00		

表3－18　蛋种鸡高峰料——豆粕、棉籽粕、芝麻饼、玉米蛋白粉、血粉、鱼粉日粮

原料	配比（%）	营养素	含量（%）
植物油	0.25	蛋白质	17.30
豆粕	7.80	钙	3.80
棉籽粕	4.00	有效磷	0.36
芝麻饼	3.00	食盐	0.38
国产鱼粉	1.50	赖氨酸	0.73
玉米蛋白粉	4.00	蛋氨酸	0.36
骨粉	2.15	蛋＋胱氨酸	0.64
食盐	0.30	代谢能（千焦/千克）	11 413.56
预混料	1.00		
血粉	2.20		
玉米	62.00		
麸皮	3.30		
石粉	8.50		

表3-19 肉用种母鸡产蛋期饲料配方

原料	高峰前期（20～50周龄）				高峰后期（50周龄后）			
玉米	64.30	64.00	64.00	63.20	64.00	67.00	66.60	66.30
豆粕	22.90	24.50	24.80	23.00	21.70	21.50	21.36	23.00
棉籽粕	—	—	—	1.00	—	—	—	—
菜籽粕	—	—	—	1.00	—	—	1.74	—
石粉	7.00	6.50	6.10	5.80	9.70	6.60	6.07	6.50
鱼粉	3.60	3.00	2.95	2.85	2.50	3.00	2.00	2.10
预混料	1.00	1.00	1.00	1.00	1.00	1.00	1.00	1.00
磷酸氢钙	0.90	0.70	—	—	0.80	0.60	—	0.80
骨粉	—	—	0.85	0.85	—	—	0.93	—
食盐	0.30	0.30	0.30	0.30	0.30	0.30	0.30	0.30
小麦麸	—	—	—	1.00	—	—	—	—
营养素	营养含量（%）							
粗蛋白	17.60	17.40	17.50	17.50	16.26	16.40	16.40	16.50
钙	2.80	2.83	2.79	2.69	3.87	2.82	2.75	2.79
有效磷	0.41	0.36	0.36	0.36	0.35	0.34	0.34	0.34
盐	0.40	0.37	0.39	0.38	0.38	0.39	0.37	0.37
赖氨酸	0.893	0.861	0.867	0.850	0.812	0.795	0.776	0.798
蛋氨酸	0.394	0.386	0.387	0.384	0.371	0.372	0.368	0.369
蛋+胱氨酸	0.683	0.683	0.686	0.688	0.651	0.655	0.659	0.677
苏氨酸	0.708	0.714	0.719	0.771	0.661	0.666	0.664	0.672
色氨酸	0.224	0.226	0.228	0.225	0.209	0.208	0.208	0.213
代谢能	2780	2800	2800	2770	2712	2815	2800	2800

表 3-20　种高峰浓缩料——豆粕、菜籽粕、棉籽粕

原料	配比（%）	营养素	含量（%）
植物油	1.00	蛋白质	36.00
豆粕	25.00	钙	3.79
棉籽粕	11.00	总磷	1.06
菜籽粕	20.00	食盐	1.51
花生仁饼	7.50	有效磷	0.60
芝麻饼	10.00	赖氨酸	2.67
国产鱼粉	6.00	蛋＋胱氨酸	1.12
玉米蛋白粉	4.50		
赖氨酸	1.45		
石粉	5.00		
磷酸氢钙	1.35		

第七节　肉鸡的饲料配方

表 3-21　豆粕—鱼粉—油脂配方（2 阶段）

原料	配比（%）		营养素	营养水平	
	0～4 周	5～8 周		0～4 周	5～8 周
玉米	59.0	66.2	代谢能	12 486.2	12574.19
豆粕	34.6	28.7	粗蛋白质	21.3	19.0
国产鱼粉	1.60	1.3	钙	1.01	0.90
石粉	0.4	0.4	有效磷	0.45	0.40
骨粉	2.00	1.8	食盐	0.37	0.36
食盐	0.3	0.3	赖氨酸	1.10	0.958
植物油	1.1	0.3	蛋氨酸	0.476	0.413
1% 复合预混料	1.0	1.0	蛋＋胱氨酸	0.840	0.744
合计	100	100			

　　注：营养素中代谢能单位为千焦/千克，其他均为百分含量（%）。

表 3-22　豆粕—鱼粉配方（2 阶段）

原料	配比（%）		营养素	营养水平	
	0～4 周	5～8 周		0～4 周	5～8 周
玉米	62.0	66.6	代谢能	12 402.4	12 570
豆粕	31.0	27.4	粗蛋白质	21.0	19.0
国产鱼粉	3.60	2.8	钙	1.02	0.90
石粉	0.5	0.5	有效磷	0.45	0.40
骨粉（蒸）	1.6	1.4	食盐	0.37	0.37
食盐	0.3	0.3	赖氨酸	1.10	0.98
1%复合预混料	1.0	1.0	蛋氨酸	0.486	0.396
			蛋＋胱氨酸	0.840	0.730
合计	100	100			

注：营养素中代谢能单位为千焦/千克，其他均为百分含量（%）。

表 3-23　含杂粮和羽毛粉、血粉的无鱼粉配方（3 阶段）

原料	配比（%）			营养素	营养水平		
	0～3 周	4～6 周	7～8 周		0～3 周	4～6 周	7～8 周
玉米	62.00	69.10	70.47	代谢能	12234.8	12570	12611.9
豆粕	31.00	23.95	23.00	粗蛋白质	21.0	19.0	18.2
菜粕	0.97	0.18	1.00	钙	1.01	0.90	0.82
石粉	0.40	0.35	0.40	有效磷	0.45	0.40	0.36
骨粉	2.30	2.09	1.80	食盐	0.37	0.37	0.35
食盐	0.33	0.33	0.33	赖氨酸	1.05	0.946	0.871
1%预混料	1.00	1.00	1.00	蛋氨酸	0.453	0.389	0.362
血粉	1.00	2.00	1.00	蛋＋胱氨酸	0.840	0.738	0.704
羽毛粉	1.00	1.00	1.00				
合计	100	100	100				

注：营养素中代谢能单位为千焦/千克，其他均为百分含量（%）。

表 3-24 豆粕—鱼粉配方（3 阶段）

原料	配比（%）			营养素	营养水平		
	0～3 周	4～6 周	7～8 周		0～3 周	4～6 周	7～8 周
玉米	59.00	66.00	71.00	代谢能	12276.7	12456.87	12695.7
豆粕	35.60	29.30	24.80	粗蛋白质	21.50	19.10	17.50
石粉	0.40	0.60	0.40	钙	1.00	0.97	0.80
骨粉	1.90	1.80	1.50	有效磷	0.45	0.40	0.35
鱼粉	1.80	1.00	1.00	食盐	0.36	0.35	0.34
食盐	0.30	0.30	0.30	赖氨酸	1.10	0.961	0.850
1％预混料	1.00	1.00	1.00	蛋氨酸	0.486	0.412	0.369
				蛋＋胱氨酸	0.860	0.745	0.683
合计	100	100	100				

注：营养素中代谢能单位为千焦／千克，其他均为百分含量（%）。

表 3-25 豆粕—鱼粉—油脂配方（3 阶段）

原料	配比（%）			营养素	营养水平		
	0～3 周	4～6 周	7～8 周		0～3 周	4～6 周	7～8 周
玉米	59.00	64.00	68.40	代谢能	12570	12779.5	13030.9
豆粕	32.80	28.70	24.00	粗蛋白质	21.60	19.50	18.00
石粉	0.50	0.50	0.50	钙	1.00	0.96	0.87
骨粉	1.40	1.60	1.30	有效磷	0.45	0.42	0.38
鱼粉	4.00	2.60	3.00	食盐	0.44	0.39	0.40
食盐	0.30	0.30	0.30	赖氨酸	1.15	1.00	0.920
1％预混料	1.00	1.00	1.00	蛋氨酸	0.500	0.430	0.340
植物油	1.00	1.30	1.50	蛋＋胱氨酸	0.857	0.762	0.650
合计	100	100	100				

注：营养素中代谢能单位为千焦／千克，其他均为百分含量（%）。

表 3-26 豆粕、棉籽粕、菜籽粕、血粉、鱼粉型配方（3 阶段，加油脂）

原料	配比（%）			营养素	营养水平		
	0～3 周	4～6 周	7～8 周		0～3 周	4～6 周	7～8 周
玉米	59.82	62.50	67.00	代谢能	3000	3095	3115
豆粕	24.90	24.00	23.50	粗蛋白质	22.20	20.00	18.40
石粉	0.53	0.60	0.50	钙	1.00	0.98	0.92
骨粉	1.40	1.60	1.60	有效磷	0.45	0.42	0.39
鱼粉	4.00	2.50	2.00	食盐	0.45	0.40	0.38
食盐	0.30	0.30	0.30	赖氨酸	1.20	1.08	0.976
1%预混料	1.00	1.00	1.00	蛋氨酸	0.480	0.393	0.343
棉籽粕	1.00	2.00	0.60	蛋+胱氨酸	0.850	0.734	0.662
菜籽粕	2.80	1.00	2.00				
血粉	3.00	2.00	1.00				
植物油	1.25	2.50	2.00				
合计	100	100	100				

注：营养素中代谢能单位为千焦/千克，其他均为百分含量（%）。

表 3-27 豆粕、棉籽粕、菜籽粕、鱼粉型配方（3 阶段，加油脂）

原料	配比（%）			营养素	营养水平		
	0～3 周	4～6 周	7～8 周		0～3 周	4～6 周	7～8 周
玉米	56.13	61.60	68.00	代谢能	12 570	12947.1	13114.7
豆粕	31.60	28.00	24.72	粗蛋白质	22.20	20.00	18.00
石粉	0.60	0.75	0.60	钙	1.00	0.98	0.92
骨粉	1.37	1.28	1.20	有效磷	0.45	0.41	0.39
鱼粉	4.00	3.50	0.50	食盐	0.44	0.41	0.42
食盐	0.30	0.30	0.50	赖氨酸	1.203	1.050	1.000
禽用多维	0.50	0.50	0.50	蛋氨酸	0.482	0.457	0.347
棉籽粕	1.00	0.50	0.50	蛋+胱氨酸	0.850	0.800	0.660

原料	配比（%）			营养素	营养水平		
	0～3 周	4～6 周	7～8 周		0～3 周	4～6 周	7～8 周
菜籽粕	2.00			0.55	0.50		
禽用微量元素	0.50			0.50	0.50		
商品赖氨酸	0.07			0.03	0.12		
商品蛋氨酸	0.13			0.14	0.16		
植物油	1.80			2.35	2.20		
合计	100			100	100		

注：营养素中代谢能单位为千焦/千克，其他均为百分含量（%）。

第四章 牛、羊的营养需求和饲料配方

第一节 牛的营养需求

一、奶牛的能量需求

我国奶牛饲养试行标准对奶牛统一采用产奶净能，并将 3138 千焦产奶净能（相当于 1 千克含乳脂 4% 的标准乳能量）作为一个奶牛能量单位，即 NND。用公式表示为 NND＝产奶净能（兆焦，MJ）/3.138 兆焦（MJ）。

1. 奶牛能量需求　我国奶牛饲养标准种成母牛维持的能量需求采用 0.356 兆焦/千克代谢体重。第一泌乳期的能量需要在维持基础上增加 20%，第二泌乳期增加 10%。放牧运动时，能量消耗明显增加，牧草丰盛时增加 10%，牧草稀疏时增加 20%。在丘陵或山区放牧，需要量还要增加，增加量约为维持需要的 50%。

2. 奶牛的蛋白质营养需求　维持的可消化粗蛋白质需要量为 3 克×体重$^{0.75}$，1200 千克体重以下用 2.2 克×体重$^{0.75}$。产奶的蛋白质需要量取决于奶中蛋白质含量。在乳蛋白没有测定的情况下，也可以根据乳脂率进行测算。

3. 奶牛的矿物质需求　在日常生长及其泌乳期，奶牛需要多种矿物质，包括钙、磷、食盐、钾、镁、硫、碘、钴、铜、钼、铁、锰、锌、硒、铬等。缺乏这些必要的矿物质会导致相应的病症。

4. 奶牛维生素的需求　奶牛需要维生素 A、维生素 D、维生素 E 和维生素 K，然而，只有维生素 A 和维生素 E 必须由日粮供给。维生素 K 可由瘤胃和小肠中细菌合成。维生素 D 可通过紫外线辐射皮肤合成。许多饲料含有维生素 A 前体和维生素 E，在某些条件下，不需要补充这两种维生素。但是，仅仅依靠饲料中含有的维生素和由紫外线照射合成的维生素 D 存在缺乏的可能性，因为饲料中维生素的浓度是变化的，且暴露在太阳中的时间是不确定的，现代奶牛饲养体系倾向于圈养。暴露在阳光中的时间和青绿饲料饲喂量减少了，这就要求增加对维生素 A、维生素 D 和维生素 E 的补充。

二、肉牛的营养需求

从能量利用效率比较，维持的能量利用效率较高，但维持能量消耗没有直接的产品产生。所以，在整个饲养过程中，用于维持的能量消耗占总能量消耗的相对密度越小，能量生产利用效率越高，增重速度越快，达到出栏体重的时间缩短，饲料转化效率也高。

幼龄牛正处于生长速度较快阶段，尤其在性成熟前生长速度最快，性成熟后生长速度逐渐变慢。幼龄牛骨骼、肌肉、脂肪等体组织的生长特点是：犊牛出生后，骨骼的生长一直比较平稳，生长速度较慢。肌肉的生长速度较快，随着体重的增长，肌肉与骨骼重量相差变大。从初生至性成熟期间，脂肪的生长较慢，性成熟后逐渐加快。根据以上特点，在生长发育较快阶段给以充分饲养，可以取得良好的增重效果。在营养上，日粮中蛋白质需要较多。成年牛在肥育期增重的主要成分是脂肪。日粮中蛋白质需要较幼龄牛少。由于幼龄牛和成年牛增重的成分不同，饲料转化效率幼龄牛要高于成年牛。

任何年龄的牛，当脂肪沉积到一定程度后，其生活力降低，食欲减退，日增重减少，饲料转化效率降低，再继续肥育就没有经济效益。一般年龄越小，理想的肥育期越长；年龄越大，肥育期越短。

第二节　羊的营养需求

羊所需要的营养物质，主要是碳水化合物、蛋白质、脂肪、矿物质、维生素和水。碳水化合物和脂肪是羊活动所需热能的主要来源，蛋白质是羊体生长和组织修复的主要原料，矿物质、维生素和水对调节生理功能起重要作用，而矿物质又是骨骼构成的主要成分。为确保羊的正常生活和生产，要求日粮中的营养物质必须齐全，且在数量上必须达到规定的标准。

羊因品种、生理功能、生产用途、年龄、性别和体重等的不同，对各种营养物质的需要也不一样。如毛用羊对含硫氨基酸（主要是胱氨酸）的需要较高，肉用羊则对碳水化合物及脂肪的需要量较大。妊娠后期及哺乳前期的母羊，除对蛋白质和热能的要求较高外，对钙、磷的需要也明显较多。奶山羊除必须满足其对能量的需要以外，更应供给较多的蛋白质营养，奶山羊的产奶量越高，所需要的蛋白质也就越多。

一般来说，各类羊的营养水平是按裘皮、羔皮、羊毛、羊肉、羊奶的顺序，需要量逐渐增高。生产羔皮的母羊，如妊娠后期给以过分优质的饲养，反而会降低羔皮的品质，导致图案不清晰，毛卷松散。肉毛兼用品种对蛋白质的要求比毛肉兼用品种高。羔皮羊和裘皮羊除了一般营养物质，还对某些无机元素，尤其微量元素有特殊要求。

第三节　牛的饲料配方

一、奶牛饲料配方

1. 产奶牛典型饲料配方　适用于体重650千克，日产4％乳脂率标准乳20千克的3胎以上奶牛。混合精料配方为表4—1。

表 4—1 混合精料配方 (1)

饲料名称	玉米	豆饼	棉籽饼	大麦	麸皮	碳酸钙	骨粉	食盐
配合比例（%）	39	10	11	19	18	0.5	2.0	0.5

总的配方为：混合精料 10 千克、玉米青贮 15 千克、野干草 3 千克、豆腐渣 10 千克。营养成分见表 4—2。

表 4—2 配方的营养成分及其营养浓度 (1)

项目（单位）	干物质（千克）	NND（个）	产奶净能（兆焦）	粗蛋白质（克）	钙（克）	磷（克）	粗纤维（克）
营养成分	16.09	34.51	108.29	2330.8	124.9	93.6	2511.9
营养浓度		2.14	6.73	14.49%	0.78%	0.58%	15.61%

适用于体重 650 千克，日产 4% 乳脂率标准乳 30 千克的 3 胎以上奶牛。混合精料配方为表 4—3。

表 4—3 混合精料配方 (2)

饲料名称	玉米	麸皮	豆饼	骨粉	石粉	食盐
配合比例（%）	52.0	20.0	24.3	3.0	0.2	0.5

总的配方为：混合精料 11 千克、玉米青贮 25 千克、羊草 3 千克、啤酒糟 10 千克。营养成分和营养浓度见表 4—4。

表 4—4 配方的营养成分及其营养浓度 (2)

项目（单位）	干物质（千克）	NND（个）	产奶净能（兆焦）	粗蛋白质（克）	钙（克）	磷（克）	粗纤维（克）
营养成分	20.58	43.31	135.91	3244.50	180.2	125.2	2900.3
营养浓度		2.10	6.60	15.77%	0.88%	0.61%	14.90%

适用于体重 600 千克，日产 3.5% 乳脂率标准乳 15 千克的产奶牛。混合精料配方为表 4—5。

表 4—5 混合精料配方 (3)

饲料名称	玉米	豆饼	麸皮	磷酸钙	食盐
混合比例（%）	52.0	25.0	19.5	3.0	0.5

总的配方为：混合精料 6.5 千克、玉米青贮 16 千克、羊草 4 千克、胡萝卜 5 千克。营养成分与营养浓度见表 4—6。

表 4—6　配方的营养成分及其营养浓度（3）

项目（单位）	干物质（千克）	NND（个）	产奶净能（兆焦）	粗蛋白质（克）	钙（克）	磷（克）	粗纤维（克）
营养成分	13.70	27.62	86.67	1778.4	102.5	74.5	2788.5
营养浓度		2.02	6.33	13.05%	0.75%	0.54%	20.35%

2. 生长母牛饲料配方　表 4—7 和 4—8 均为生长母牛混合精料典型配方。区别在于前者为 7～12 月龄生长母牛，后者为 13～18 月龄生长母牛。

表 4—7　生长母牛混合精料典型配方（1）

饲料名称（单位）	配合比例（%）	干物质（%）	NND（兆焦）	产奶净能（%）	粗蛋白质（%）	钙（%）	磷（%）	粗纤维（%）
玉米	68.0	60.11	1.61	5.05	5.83	0.05	0.14	1.38
豆饼	25.0	22.65	0.67	2.10	10.76	0.08	0.13	1.43
麸皮	5.0	4.43	0.10	0.31	0.72	0.01	0.04	0.46
骨粉	1.0	0.95				0.30	0.13	
石粉	0.5	0.05				0.20		
食盐	0.5	0.05						
合计	100	88.24	2.38	7.46	17.31	0.64	0.44	3.27

表 4—8　生长母牛混合精料典型配方（2）

饲料名称（单位）	配合比例（%）	干物质（个）	NND（兆焦）	产奶净能（%）	粗蛋白质（%）	钙（%）	磷（%）	粗纤维（%）
玉米	75.0	66.30	1.78	5.59	6.43	0.06	0.16	1.52
豆饼	15.0	13.59	0.40	1.26	6.46	0.05	0.08	0.86

饲料名称 （单位）	配合比例 （%）	干物质 （个）	NND （兆焦）	产奶净能 （%）	粗蛋白质 （%）	钙 （%）	磷 （%）	粗纤维 （%）
麸皮	8.0	7.09	0.16	0.50	1.16	0.01	0.06	0.74
骨粉	1.0	0.95				0.30	0.13	
石粉	0.5	0.05				0.20		
食盐	0.5	0.05						
合计	100	88.03	2.34	7.35	14.05	0.62	0.43	3.12

3. 犊牛饲料配方 表4—9所列配方适用于早期断奶犊牛和低奶量哺乳犊牛（体重300千克）。在犊牛哺乳期中逐渐增加犊牛料喂量，同时，训练采食青贮和优质干草。

表4—9 犊牛料典型配方和营养成分

饲料	配方1	配方2	配方3	配方4
玉米（%）	35	50	45	40
豆饼（%）	35	30	25	24
麸皮（%）	22	12	22	25
高粱（%）	5			
鱼粉（%）		5	5	8
骨粉（%）	1	1	1	1
碳酸钙（%）	1	1	1	1
食盐（%）	1	1	1	1
合计（%）	100	100	100	100
干物质（%）	89.53	89.38	89.29	89.72
NND（个/千克）	2.57	2.64	2.95	2.61
产奶净能（兆焦/千克）	8.06	8.28	8.13	8.19

饲料	配方 1	配方 2	配方 3	配方 4
粗蛋白质（%）	24.20	24.60	23.30	23.95
钙（%）	0.93	1.12	1.11	1.23
磷（%）	0.64	0.70	0.75	0.74
粗纤维（%）	5.50	4.40	5.10	5.20

二、肉牛饲料配方

表 4－10 中配方是肉牛饲料配方，其中配方 1 主要用于断奶后生长育肥牛早期肥育阶段（7～10 月龄），配方 2～6 则主要用于体重在 300 千克以上、日增重 900 克以上的生长育肥牛或总的配方中有较好的粗饲料时应用（像玉米青贮、酒糟、氨化秸秆等）；配方 7 主要用于育肥后期。

表 4－10　肉牛混合精料典型配方

项目	配方组成（%）						
	配方 1	配方 2	配方 3	配方 4	配方 5	配方 6	配方 7
玉米	48.0	67.5	70.0	70.0	58.0	68.0	75.0
麸皮	14.0	9.0	8.0	7.5	10.0	15.0	5.0
豆饼		15.0	20.0			15.0	
棉籽饼	35.0			20.0	15.0		10.0
高粱		5.0					
大麦							7.0
米糠				15.0			
石粉	1.0	1.0	1.0	1.5	1.5	1.0	1.0
骨粉	0.5	0.5					0.5
食盐	1.0	1.0	1.0	1.0	0.5	1.0	0.5
碳酸氢钙	0.5	1.0					1.0

项目	配方组成（%）						
	配方 1	配方 2	配方 3	配方 4	配方 5	配方 6	配方 7
营养成分（干物质基础）							
干物质（%）	89.0	88.96	89.27	88.81	88.97	89.10	88.68
NND	1.0	1.03	1.04	1.04	1.01	1.03	1.05
综合净能（兆焦）	8.08	8.36	8.42	8.37	8.17	8.34	8.47
粗蛋白质（%）	19.98	15.71	15.44	15.29	14.72	14.56	12.57
钙（%）	0.70	0.65	0.56	0.66	0.67	0.54	0.63
磷（%）	0.64	0.40	0.41	0.42	0.54	0.43	0.41

表 4—11、4—12、4—13 为架子牛育肥各个阶段典型饲料配方，按照不同体重及日增重列表。

表 4—11 体重 300 千克、日增重 900 克的典型日粮配方

配方	1	2	3	配方	1	2	3
配方组成				营养成分			
混合精料（2）（千克）	2.8			干物质（千克）	7.07	7.15	7.18
混合精料（3）（千克）		2.3		NND	4.85	4.62	5.36
混合精料（4）（千克）			3.5	粗蛋白质（克）	762.2	820.7	753.2
酒糟（千克）		4.0		钙（克）	34.5	31.3	32.1
玉米青贮（千克）			10.0	磷（克）	19.2	18.9	19.4
玉米秸青贮（千克）		8.0					
羊草（千克）	5.0						
野干草（千克）		2.0					
玉米秸（千克）			2.0				

表 4-12 体重 400 千克、日增重 1000 克的典型日粮配方

配方	1	2	3	配方	1	2	3
配方组成				营养成分			
混合精料（5）（千克）	4.5			干物质（千克）	8.68	8.76	8.57
混合精料（6）（千克）		5.0		NND	6.47	6.45	6.32
混合精料（7）（千克）			3.1	粗蛋白质（克）	926.7	931.5	943.7
酒糟（千克）			5.0	钙（克）	31.5	33.7	33.5
玉米青贮（千克）			10.0	磷（克）	23.0	21.4	21.2
玉米秸青贮（千克）		7.0					
氨化麦秸	5.5	3.0					
玉米秸（千克）			2.0				

表 4-13 体重 450 千克、日增重 1000 克的典型日粮配方

配方	1	2	3	配方	1	2	3
配方组成				营养成分			
混合精料（6）（千克）	5.0			干物质（千克）	9.87	9.59	9.59
混合精料（7）（千克）		6.0	6.0	NND	7.51	7.64	7.78
干甜菜渣（千克）	1.0			粗蛋白质（克）	1043.8	942.0	955.6
玉米青贮（千克）			10.0	钙（克）	36.7	52.7	52.5
野干草（千克）		4.7	2.0	磷（克）	26.1	30.8	31.9
玉米秸（千克）	5.0						

注：混合精料（2）、（3）、（4）、（5）等分别对应表 4-10 中的精料配方 2、3、4、5 等。

第四节 羊的饲料配方

表 4—14 种公羊非配种期饲料配方

饲料组成	比例（%）	营养成分	比例（%）
干草	73.82	代谢能（兆焦/千克）	8.33
玉米	14.14	粗蛋白质（%）	10.49
豆饼	2.36	钙（%）	0.45
小麦麸	8.90	磷（%）	0.20
磷酸氢钙	0.52		
盐砖	0.26		
合计	100		

表 4—15 种公羊配种期饲料配方

饲料组成	配方 1（%）	配方 2（%）	营养成分	配方 1	配方 2
混合牧草	65.73	72.06	代谢能（兆焦/千克）	8.74	8.70
玉米	14.39	11.73	粗蛋白质（%）	15.28	14.75
豆饼	13.71	8.94	钙（%）	0.85	0.83
麦麸	4.63	3.67	磷（%）	0.42	0.40
磷酸氢钙	0.66	0.66			
食盐	0.41	0.42			
矿物质添加剂	0.27	0.20			
多维	0.07	0.06			
麻饼	2.74	2.26			
合计	100	100			

注：矿物质添加剂指矿物质盐砖，包括食盐、铜、铁、锰、锌、钴、碘等微量元素。

表 4-16 母羊妊娠后期（90~150 天）饲料配方

饲料配方	比例（%）	营养成分	比例（%）
混合牧草	63.32	代谢能（兆焦/千克）	7.45
玉米	25.65	粗蛋白质（%）	8.73
麦麸	5.17	钙（%）	0.85
豆饼	2.58	磷（%）	0.36
磷酸氢钙	2.0		
胡萝卜	0.36		
矿物质添加剂	0.92		
合计	100		

注：矿物质添加剂指矿物质盐砖，包括食盐、铜、铁、锰、锌、钴、碘等微量元素。

表 4-17 母羊泌乳前期（60 天）饲料配方

饲料组成	比例（%）	营养成分	比例（%）
干草	80.95	代谢能（兆焦/千克）	7.45
玉米	15.24	粗蛋白质（%）	10.11
麦麸	2.29	钙（%）	0.85
豆饼	0.95	磷（%）	0.52
磷酸氢钙	0.38		
食盐	0.19		
合计	100		

表 4-18 育成母羊（11 月龄）饲料配方

饲料组成	比例（%）	营养成分	比例（%）
混合牧草	84	代谢能（兆焦/千克）	6.95
玉米	7.55	粗蛋白质（%）	8.73
麦麸	6.72	钙（%）	0.93
豆饼	0.96	磷（%）	0.39
磷酸氢钙	0.61		
食盐	0.16		
合计	100		

表 4-19 成年育肥羊饲料配方

饲料组成	比例（%）	营养成分	比例（%）
干草或草粉	30	代谢能（兆焦/千克）	7.49
秸秆	45	粗蛋白质（%）	7.5
混合精料	24.5	钙（%）	0.5
矿物质添加剂	0.5	磷（%）	0.25
合计	100		

注：混合精料配方比例为玉米 75%、麦麸 10%、豆饼 12%、骨粉 2%、食盐 1%。矿物质添加剂指矿物质盐砖，包括食盐、铜、铁、锰、锌、钴、碘等微量元素。

第五章 兔的营养需求和饲料配方

第一节 兔的营养需求

兔子需要的营养物质，包括能量、蛋白质、脂肪、矿物质、维生素、粗纤维和水等。

1. 能量 是兔子的重要营养因素，因为兔子机体的生命及生产活动都需要消耗能量。实验证明，如果日粮中能量不足，兔子就会体弱消瘦、生长缓慢、生产力下降。相反，如果日粮中能量水平偏高，也会因脂肪沉积过多而肥胖，这对繁殖母兔来说，会影响雌性激素的释放或机体吸收雌性激素而损害繁殖功能；对公兔来说，则会造成性欲减退、配种困难和精液品质下降。因此，控制适宜的能量水平对养兔非常重要。

兔子在能量消化利用上有其自身的特点。与其他家畜相比，兔子的能量需要相对较高，单位体重所需能量约相当于牛的3倍，因为，在新陈代谢过程中兔子体内不断发生能量的转变，内部能量减少，转变为外部的功和热。

兔子具有利用低能饲料的能力。在消化道进化过程中形成了需要适量粗纤维的生理特点，粗纤维具有填充胃肠、促进胃肠道蠕动、释放饲料中的高营养成分等作用。故其饲料中必须有适量的粗纤维，一般以12％～14％为宜。

能量的主要来源是饲料中的碳水化合物、脂肪和蛋白质。其中碳水化合物在饲料中含量较高，且价格低廉，是兔子能量的主要来源。经测定，每1克碳水化合物经氧化可产生热能17.36千焦；每1克脂肪可产生热能39.33千焦。兔对大麦、小麦、燕麦、玉米等谷物饲料中的碳水化合物具有较高的消化率；对豆科饲料中的粗脂肪，消化率可达83.6%～90.7%。

2. 蛋白质　是兔子体内除水分以外含量最多的营养物质。兔（消化道内容物除外）蛋白质含量约占18%。蛋白质是兔子一切生命活动的物质基础，也是兔体的重要组成成分。兔子体内的一切生命活动如消化、代谢、繁殖、泌乳、产毛等过程都离不开蛋白质。在生产实践中必须掌握好日粮中的蛋白质水平，由于日粮蛋白质水平在很大程度上影响着兔子的生产力、产品质量以及兔子寿命。当日粮中蛋白质不足时则会影响兔的健康和生产性能的发挥，表现为生长停滞，体重减轻；公兔性欲减退，精液品质下降；母兔发情不正常，胚胎发育不良，产生死胎、弱胎等。相反，当日粮中蛋白质水平过高，超过需要量时，不仅会造成饲料浪费，还会引起蛋白质分解不全的物质积累，加重盲肠、结肠、肝脏、肾脏的负担，引起一系列严重的营养生理上的失调。对蛋白质的需要量，生长兔、妊娠兔、哺乳兔日粮中分别以含粗蛋白16%、15%和17%为宜。由于蛋白质的基本单位是氨基酸，按兔的营养需要，必需氨基酸有精氨酸、赖氨酸、苏氨酸、蛋氨酸、亮氨酸、组氨酸、异亮氨酸、缬氨酸、甘氨酸、色氨酸和苯丙氨酸等11种。所有必需氨基酸在兔子体内都具有各自的生理功能，如精氨酸不足时影响公兔的生殖能力，蛋氨酸不足则会影响兔毛产量和质量。而非必需氨基酸也是不可缺少的，兔毛中的硫大部分以胱氨酸的形式出现。日增重35～40克的育成兔，日粮中应含有精氨酸0.6%，赖氨酸0.65%，硫氨基酸（蛋氨酸加胱氨酸）0.61%。兔子对精氨酸具有较高的耐受力，需要量比其他哺乳动物高2%。

蛋白质的主要来源是日粮中的动物性蛋白质饲料和植物性蛋白质饲料等。饲料中蛋白质水平不仅看数量更应着重于质量，而蛋白质的高低取决于组成蛋白质的氨基酸种类及数量。一般来讲，动物性蛋白质饲料优于植物性蛋白质饲料，动物性蛋白质饲料粗蛋白质含量高达 50％～80％，必需氨基酸含量全面，比例适当，品质较好；植物性蛋白质饲料粗蛋白质含量为 25％～45％，所含必需氨基酸不全，数量较少，因而品质较差。有目的地选用多种适口性饲料配合饲喂，可充分发挥氨基酸之间的互补作用。明显提高饲料蛋白质的利用率。

3. 脂肪　是提供能量和沉积体脂的营养物质之一。也是神经、肌肉、骨骼和血液的重要组成成分，贮存在肠系膜、皮下组织、肾脏周围及肌纤维之间的脂肪组织，还有保护内部器官和皮肤的作用。日粮中脂肪含量不足会导致兔子生长不良，体重减轻，皮炎，脱毛和公兔副性腺退化，精液品质下降等；相反，脂肪含量过高则会使饲料适口性下降，甚至引起兔子死亡。

4. 矿物质　兔子所需矿物质均由饲料提供，按其体重的 0.01％以上或以下，分为常量元素和微量元素。兔子需要的常量元素有：钙、磷、钾、镁、硫、钠、氯等。微量元素有：铁、铜、锌、钴、锰、碘、硒、钼等。矿物质是兔子体组织的主要成分之一，约占成年兔体重的 5.6％，占初生仔兔体重的 2.6％。矿物质的主要功能是形成体组织和细胞，特别是骨髓的主要成分；调节血液和淋巴液渗透压，保证细胞营养；维持血液的酸碱平衡；活化酶和激素等，矿物质是保证幼兔生长、维持成年兔健康和提高生产性能所不可缺少的营养物质。在兔子的生理和生产上具有重要的作用。

兔体内矿物质主要来源是饲料。豆科牧草中含有丰富的钙，谷物中含有丰富的磷。因此，正常饲喂均可满足兔子钙磷的需要量。由于植物性饲料中钠、氯含量较低，因此，必须补充食盐，一般配合饲料中加入 0.5％的食盐。而对于钾、镁、硫、铁、铜、锌、钴等元素，饲料中的含量一般能满足兔子的需要。

5. 维生素　是一类需要量非常少的低分子有机化合物。它们既不是构成兔体的组织原料，也不能提供能量，而是维持兔健康、生长和繁殖所必需的要素之一，大多数参与分子构成，发挥生物学活性物质作用。与其他动物相比，兔子对维生素的需要量非常少，但缺乏时，会导致新陈代谢紊乱，生长发育受阻，生产性能下降，甚至发病死亡。兔所需要的维生素，根据其溶解性能可分为脂溶性维生素（维生素 A、维生素 D、维生素 E、维生素 K）和水溶性维生素（维生素 C 和 B 族维生素）两大类。兔日粮中维生素的需要量一般以国际单位（IU）或毫克、微克表示。生长兔每千克日粮应含维生素 A 580 国际单位，维生素 D 900 国际单位，维生素 E 50 毫克，维生素 K 2 毫克。

兔体内维生素的主要来源：一是饲料，特别是脂溶性维生素要由日粮中提供，如维生素 A，而维生素 A 的前体——胡萝卜素在植物的绿叶中含量丰富，这种胡萝卜素可以在兔子体内转化成维生素 A，所以，要经常给兔子一些新鲜青绿饲料则可满足兔子的维生素需要。二是兔盲肠微生物能利用食糜有机物合成部分维生素，特别是 B 族维生素，由微生物合成的维生素不仅直接被兔体吸收利用，而且还可以通过采食软粪满足其营养需要。三是兔皮肤在紫外光照射下胆固醇能转化成维生素 D，满足其对维生素 D 的部分需要。根据上述维生素来源可见，在正常饲养管理条件下，不需要额外添加 B 族维生素和维生素 C，而脂溶性维生素必须根据日粮维生素含量和活性等适量添加。特别注意维生素 K 的添加，因一些饲料和某些疾病会影响维生素 K 的吸收利用。

6. 粗纤维　是指植物性饲料中难消化的物质，它在维持机体正常消化功能，保持消化物黏度，形成硬粪及在消化运转过程中起着重要的物理作用。根据生产实践，成年兔日粮中粗纤维供给量过少，往往会引起消化紊乱，食物通过消化道时间延长，引起魏氏杆菌等消化疾病，出现腹泻、死亡等；但日粮中粗纤维含量过高，也会引起肠道蠕动过速，食糜通过消化道速度加快。营养浓度降低。导致生产性能下降。

兔子具有利用低能饲料的能力。在消化道进化过程中形成了需要适量粗纤维的生埋特点，粗纤维具有填充胃肠、促进胃肠道蠕动、释放饲料中的高营养成分等作用。故其饲料中必须有适量的粗纤维，一般以12%～14%为宜。幼兔可适量降低，但不能低于8%；成年兔可适当高些，但不能高于20%。

兔日粮中粗纤维的主要来源是粗饲料。稻草秸、地瓜秧、花生秧、豆秸、苜蓿、洋槐、松针及紫槐树叶等是兔日粮中理想的粗纤维来源，适量添加，不仅可促进生长，提高成活率，而且可预防肠炎，保证兔子健康生长。

7. 水　是兔子机体内一切细胞和组织的必需组成成分，兔子体内所含水分约占体重的70%。

体内营养物质的输送、消化、吸收、转化、合成及粪便的排出都需要水分；水还有调节体温的作用，也是治疗疾病与发挥药效的调节剂。实践证明，兔子缺水比缺料更难维持生命，缺水将会导致消化紊乱、食欲减退、被毛枯燥、公兔性欲减退、精液品质下降。体内损失20%的水，可导致兔子死亡。

兔子每天需水量的多少受年龄、生理、季节、饲料状态的影响。兔子每天的需水量，一般为采食干料量的2～3倍。在气温15℃～20℃下，每日饮水量是：体重0.5千克、1千克、2千克、3千克、4千克的生长兔分别为100毫升、160毫升、270毫升、330毫升、400毫升；体重5千克的安静状态兔和怀孕母兔为500毫升；哺乳8只20日龄仔兔的母兔为1升，哺乳40～50日龄幼兔的母兔为2～2.5升。夏季比其他季节增加50%～70%。

兔子所需水分的来源有三条途径：一是饮水，是兔子所需水分的主要来源，大中型兔场最好选用自动饮水器供水，如采用定时饮水时，应每天供水2～3次。二是饲料水，特别是青绿饲料中含水量达70%～80%，也是提供水分的主要来源之一。三是代谢水，是体内营养物质氧化过程中产生的水，一般量很少。

第二节 兔的常用饲料

1. 青绿多汁饲料 是一种来源广泛而且很经济的饲料。这类饲料的主要特点是：干物质中含丰富的粗蛋白质、维生素和矿物质，适口性强，易消化吸收，成本低，营养全面，并且有些青绿饲料具有药用价值，如催奶、止泻、抗球虫等，但含水量高，体积大。兔子常用的青绿多汁饲料主要包括豆科牧草、禾本科牧草、叶菜类、根茎类饲料、树叶等。现在许多地方种植了大量的人工牧草，以满足兔子等草食动物的需要。

2. 粗饲料 是指按绝对干饲料计算，粗纤维含量在18%以上的饲料。其特点是：体积较大，难消化，能量、蛋白质和维生素含量比较低（豆科牧草除外），但其来源广、种类多、数量大、价格低。其营养价值受品种、收获期、晾晒和贮存方法等的影响。一般在抽穗期和开花初期收割为宜，晾晒时不要过分曝晒或雨淋。

兔常用的粗饲料有四类，即秸秆类、干草类、荚壳类和糟渣类。秸秆类饲料有稻草、玉米秸、花生秧、甘薯秧、豆秸等；干草类饲料有人工栽培干草、野青干草和干树叶等；荚壳类饲料有豆荚、谷壳、葵花盘等；糟渣类为生产酒、糖、醋、酱油等的副产品，这类饲料有的粗蛋白较高，有的富含维生素，开发利用潜力很大。

3. 能量饲料 指粗纤维含量在18%以下、含消化能在10.46兆焦/千克以上的饲料，并以12.55兆焦/千克为衡量尺度，区分高能饲料和低能饲料。能量饲料的来源也很丰富，兔子常用的能量饲料有大麦、小麦、玉米、麦麸和稻谷等。其中玉米是最常见、用量最多的能量饲料，其特点是含能量高，粗纤维少，适口性好，不饱和脂肪酸含量高，但必需氨基酸含量不足。其他能量饲料能量较低，但可弥补玉米的不足。因此，配合饲料应高低搭配，扬长避短，释放各自的最大效能。

4. 蛋白质饲料 是指干物质中粗蛋白质含量高于20%，粗纤维含量低于 18％的饲料，根据其来源可分为植物性蛋白质饲料和动物性蛋白质饲料两类。

植物性蛋白质补充料主要包括豆科籽实及其加工副产品油饼类。如豆饼（粕）、菜籽饼、棉籽饼等，其中豆饼（粕）含粗蛋白较高，用量最大。而棉饼中含有棉酚等有毒成分，需进行脱毒处理，常用硫酸亚铁水溶液浸泡，一般将 1.25 千克硫酸亚铁溶解于 125 千克水中，浸泡 50 千克棉籽饼，搅拌几次，经一昼夜即可饲用。动物性蛋白质饲料常用的有肉骨粉、鱼粉、血粉等。另外，饲料酵母含有丰富的蛋白质、维生素、脂肪等兔子生长发育所必需的营养物质，也是有待开发的优质蛋白质饲料之一。

5. 矿物质饲料　兔子在生长发育过程中，矿物质是不可缺少的营养物质。一般天然牧草、野草、谷物类和豆科类饲料中均含有一定的矿物质，尤其日粮中含有大量牧草时，一般不缺乏。但在高效率生产的情况下，饲料原料中的含量不能满足其需要，需补充矿物质。兔子常用的矿物质补充料有食盐、骨粉、石粉、贝壳粉、沸石粉、麦饭石等。

6. 添加剂饲料　是指添加于配合饲料的加工、贮存、调配、饲喂过程中的某些微量成分，添加这些成分的目的在于补充饲料营养组分的不足，防止或延缓饲料品质的劣化，提高饲料的适口性和利用率，对提高兔群健康、促进生长、繁殖等均有明显促进作用，常用的有以下几种：

（1）氨基酸添加剂　饲料常缺乏的氨基酸为限制性氨基酸：赖氨酸和蛋氨酸，在饲料配方设计中为满足兔子赖氨酸和蛋氨酸需要，必须增加蛋白质饲料用量，但会造成饲料的浪费，而添加氨基酸添加剂能弥补限制性氨基酸的不足。

（2）微量元素添加剂　常用的有硫酸铜、硫酸镁、硫酸锰、硫酸锌、硫酸亚铁和亚硒酸钠等。对微量元素添加剂的选择一定要选择优质标准原料。否则，重金属超标对兔体及人体有害。

（3）维生素添加剂　常用的有脂溶性维生素（维生素 A、维生素 D、维生素 E、维生素 K）和水溶性维生素（维生素 B、维生素 B_2、维生素 B_6、维生素 B_{12}、生物素、叶酸、维生素 B_3、泛酸、胆碱等）。维生素的添加量一方面参考饲养标准，另一方面结合本场兔的生产性能，生产性能越高，对维生素的需求量也越多。

（4）驱虫保健添加剂　主要用途是驱除兔体内主要寄生虫，防止兔子贫血、营养被寄生虫吸收。常用的驱虫药只允许用盐酸氯苯胍和氯羟吡啶。并要注意休药期，以防残留。

综上所述，添加剂对兔子的生长、饲料转化及疾病防治等均有一定的作用。添加时应遵循兔子饲养标准，缺什么补什么，缺多少补多少，不能滥用乱用。尤其是抗生素之类，长期使用会产生抗药性，并能够抑制盲肠微生物的活动。另外，国家明令禁止的一些对人体有害的添加剂或药物不可添加。

第三节　兔的饲料配方

一、生长兔的饲料配方

表5-1　生长兔饲料配方（1）

饲料组成	比例（%）			营养成分	比例（%）		
配方编号	1	2	3	配方编号	1	2	3
稻草粉	40		10	消化能（兆焦/千克）	10.34	10.46	10.45
麦麸	15	15	13	粗蛋白（%）	16	16	16
大麦粉	23			粗纤维（%）	14	13	14
豆饼	20	13	16	粗脂肪（%）	2.8	3	3.5
骨粉	1.2			钙（%）	0.6	0.7	0.6
食盐	0.5	0.5	0.5	磷（%）	0.4	0.6	0.5
蛋氨酸	0.3						
干草粉		30					

饲料组成	比例（%）			营养成分	比例（%）		
配方编号	1	2	3	配方编号	1	2	3
玉米		19	25.5				
小麦		19					
鱼粉		2	4				
肉粉		1					
骨粉		0.5	1				
花生秧			30				

表5-2　生长兔饲料配方（2）

饲料组成	比例（%）		营养成分	比例（%）	
配方编号	4	5	配方编号	4	5
豆饼	21	12	消化能（兆焦/千克）	10.51	10.88
食盐	0.5	0.5	粗蛋白（%）	16.24	18
蛋氨酸		0.15	粗纤维（%）	12.09	14
干草粉		18	粗脂肪（%）	3.2	3.5
玉米	30	40	钙（%）	0.9	0.9
鱼粉		3.5	磷（%）	0.45	0.6
骨粉	0.5	1.75			
花生秧	20				
槐叶粉	10				
麸皮	7	18			
酒糟	10				
添加剂	1				
矿物质添加剂		1			
赖氨酸		0.1			
豆饼		5			

注：矿物质添加剂指矿物质盐砖，包括食盐、铜、铁、锰、锌、钴、碘等微量元素。

二、怀孕兔的饲料配方

表 5-3 怀孕兔的饲料配方（1）

饲料组成	比例（%）			营养成分	比例（%）		
配方编号	1	2	3	配方编号	1	2	3
草粉	28			消化能（兆焦/千克）	10.78	10.47	10.45
玉米	40	18	20	粗蛋白（%）	17	15.6	16
豆饼	15	8	20	粗纤维（%）	13	15.3	12.8
麦麸	10.5		14	粗脂肪（%）	3	3.2	3
鱼粉	4		2	钙（%）	0.9	0.86	0.78
骨粉	2	1.5	2	磷（%）	0.6	0.53	0.56
食盐	0.5	0.3	0.5				
多维素（克）	20						
微量元素（克）	20						
菜籽饼		5					
蚕蛹		4					
小麦			10				
稻谷		10					
麸皮		20					
麦芽根		10					
清糠		13					
稻草粉		10					
蛋氨酸		0.2					
花生秧粉			15				
生长素			1				
青干草粉			15.5				

表 5-4 怀孕兔的饲料配方（2）

饲料组成	比例（%）		营养成分	比例（%）	
配方编号	4	5	配方编号	4	5
花生秧	3	8	消化能（兆焦/千克）	11.5	10.34
槐叶粉	27	10	粗蛋白（%）	18	15.85
红薯秧	3	14	粗纤维（%）	13.5	12.54
青干草粉	9		粗脂肪（%）	3.5	3
豆饼	8	20	钙（%）	0.7	0.95
玉米	25	30	磷（%）	0.5	0.44
麦麸	23	6			
骨粉	1.5	0.5			
食盐	0.5	0.5			
微量元素添加剂	按说明	1			
酒糟		10			

三、产毛兔的饲料配方

表 5-5 产毛兔的饲料配方（1）

饲料组成	比例（%）			营养成分	比例（%）		
配方编号	1	2	3	配方编号	1	2	3
玉米	24	26.5	22	消化能（兆焦/千克）	10.17	10.56	10.54
麸皮	30		31	粗蛋白（%）	17.9	15.2	16.57
豆饼	24	12	20	粗纤维（%）	16.4	13.5	12.8
草粉	20			粗脂肪（%）	3	2.8	3.4
食盐	0.5	0.5	0.5	钙（%）	0.7	0.6	0.9
骨粉	1.5	2	2.5	磷（%）	0.5	0.4	0.58

饲料组成	比例（%）			营养成分	比例（%）		
配方编号	1	2	3	配方编号	1	2	3
添加剂	按说明						
花生秧		30					
槐叶粉		14					
麦麸		12					
鱼粉		3	3				
多维素（克）							
米糠			20				
生长素			1				

表 5—6　产毛兔的饲料配方（2）

饲料组成	比例（%）		营养成分	比例（%）	
配方编号	4	5	配方编号	4	5
豆饼	10	17	消化能（兆焦/千克）	10.96	10.57
菜籽饼	8		粗蛋白（%）	16.7	17.9
蚕蛹	3.5		粗纤维（%）	14.5	16
玉米	25	27	粗脂肪（%）	4	3.2
麸皮	22	22	钙（%）	0.89	0.71
米糠	18		磷（%）	0.7	0.53
稻草粉	12				
骨粉	1				
蛋氨酸	0.2				
食盐	0.3	0.3			
苜蓿粉		30.5			
贝壳粉		1.2			
添加剂		2			

四、育肥兔的饲料配方

表 5-7 育肥兔的饲料配方 (1)

饲料组成	比例（%）			营养成分	比例（%）		
配方编号	1	2	3	配方编号	1	2	3
花生秧	30			消化能（兆焦/千克）	12.2	10.59	
槐叶粉	15			粗蛋白（%）	17	14.5	
豆饼	17	14	21.5	粗纤维（%）	9	15.5	
玉米	25	16	20	粗脂肪（%）	4	3.1	
麦麸	12	9	18	钙（%）	1	0.6	
食盐	1	0.5	0.5	磷（%）	0.5	0.4	
干草粉		40					
小麦		16					
鱼粉		2					
酵母		1					
骨粉		1.5	1				
多维素（克）		20					
添加剂（克）		20					
苜蓿粉			24				
酒糟			14				
矿物质添加剂			1				

注：矿物质添加剂指矿物质盐砖，包括食盐、铜、铁、锰、锌、钴、碘等微量元素。

表 5-8 育肥兔的饲料配方 (2)

饲料组成	比例（%）		营养成分	比例（%）	
配方编号	4	5	配方编号	4	5
草粉	20		消化能（兆焦/千克）	11.4	10.55
槐叶粉	20		粗蛋白（%）	18.3	17.02
豆饼	20	14	粗纤维（%）	8	8
玉米	23.5	40	粗脂肪（%）	2.9	3.5
麦麸	14	20	钙（%）	0.9	1.04
骨粉	1	2	磷（%）	0.6	0.77
食盐	0.5	0.5			
矿物质添加剂	1	1			
干草粉		20			
鱼粉		2.15			
赖氨酸		0.1			
蛋氨酸		0.15			

参考文献

[1] 高翔. 畜禽无公害高效养殖实用新技术［M］. 北京：中国农业出版社，2003.

[2] 萨仁娜. 简明饲料配方手册［M］. 北京：中国农业大学出版社，2003.

[3] 赵玉民. 肉鹅饲养与经营实用技术［M］. 长春：吉林科学技术出版社，2000.

[4] 杨连玉，孙泽成. 饲料生产与加工［M］. 北京：科学出版社，1999.

[5] 张日俊. 动物饲料配方［M］. 北京：中国农业大学出版社，1999.

[6] 陈代文. 饲料添加剂手册［M］. 成都：四川科技出版社，1996.

[7] 赖以斌，舒希凡，等. 瘦肉型猪快速饲养技术［M］. 南昌：江西科技出版社，1996.

[8] 杨嘉实，周毓平，等. 中国特产（种）动物营养需要及饲料配制技术［M］. 北京：中国科学技术出版社，1994.

[9] 龚炎长，等. 鸡饲料配制和使用技术［M］. 北京：中国农业出版社，2004.

[10] 彭健，等. 猪饲料配制和使用技术［M］. 北京：中国农业出版社，2004.

[11] 柳楠，等. 牛羊饲料配制和使用技术［M］. 北京：中国农业出版社，2004.

[12] 掌子凯. 实用猪饲料配制及饲喂技术［M］. 南京：江苏科技出版社，2001.

[13] 田树军. 羊的营养与饲料配制［M］. 北京：中国农业大学出版社，2003.

[14] 朱广祥，范克平. 饲料生产应用手册 [M]. 北京：中国农业科技出版社，1996.

[15] 田振洪. 家畜无公害饲料配制技术 [M]. 北京：中国农业出版社，2002.

[16] 陶岳荣. 科学养兔指南 [M]. 北京：金盾出版社，2001.

[17] 杨凤. 动物营养学：第2版 [M]. 北京：中国农业出版社，2001.

[18] 张云影，吕礼良，孙华. 塑料暖棚养猪技术 [M]. 北京：金盾出版社，2005.